JN094579

新学習指導要領対応

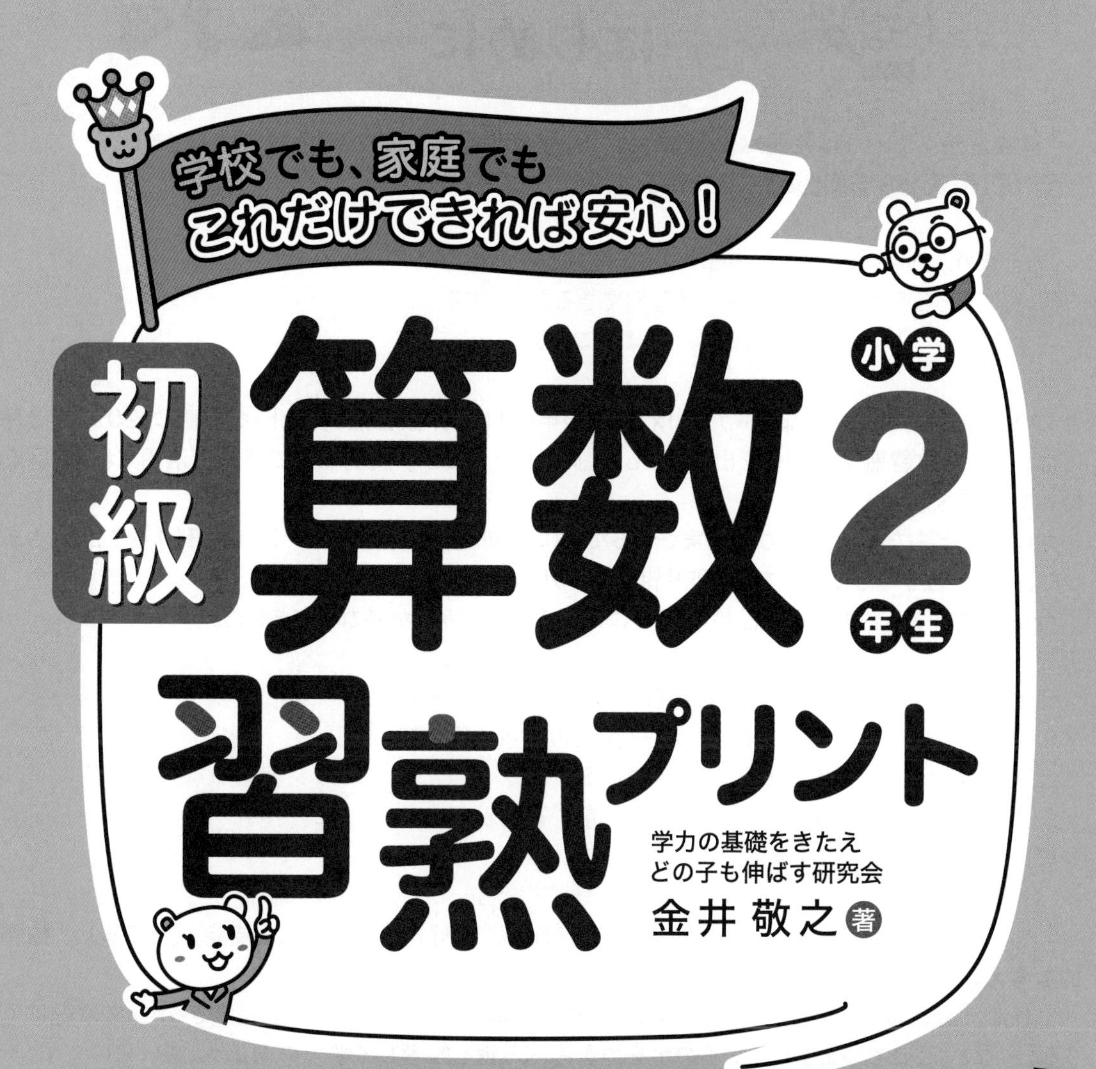
学校でも、家庭でも
これだけできれば安心！
初級
算数
小学
2
年生
習熟プリント
学力の基礎をきたえ
どの子も伸ばす研究会
金井敬之 著

できちゃった！
清風堂書店

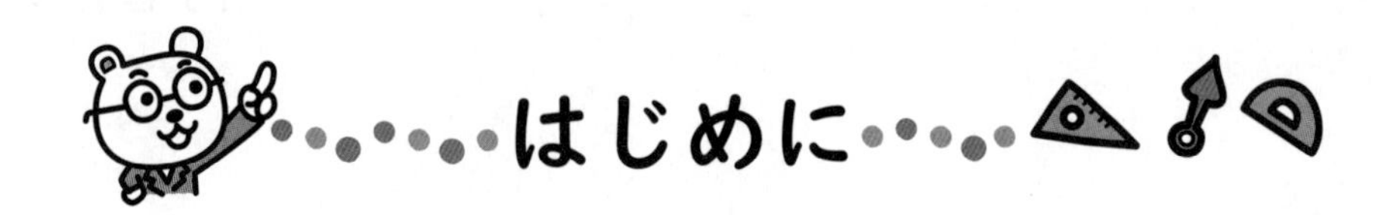

「算数習熟プリント」は発売以来長きにわたり、学校現場や家庭で支持されてまいりました。
その中で、変わらず貫き通してきた特長は次の3つです。

○ 通常のステップよりもさらに細かくスモールステップにする
○ 大事なところは、くり返し練習して習熟できるようにする
○ 教科書レベルがどの子にも身につくようにする

この内容を堅持し、新たなくふうを加え、2020年4月に「算数習熟プリント」を出版し、2022年3月には「上級算数習熟プリント」を出版しました。両シリーズとも学校現場やご家庭で活用され、好評を博しております。
さらに、子どもたちの基礎力を充実させるために、「初級算数習熟プリント」を発刊することとなりました。算数が苦手な子どもたちにも取り組めるように編集してあります。
今回の改訂から、初級算数習熟プリントには次のような特長が追加されました。

○ 観点別に到達度や理解度がわかるようにした「まとめテスト」
○ 親しみやすさ、わかりやすさを考えた「太字の手書き風文字」「図解」
○ 前学年のおさらいのページ「おぼえているかな」
○ 解答のページは、本文を縮めたものに「赤で答えを記入」
○ 使いやすさを考えた「消えるページ番号」

「まとめテスト」は、算数の主要な観点である「知識（理解）」（わかる）、「技能」（できる）、「数学的な考え方」（考えられる）問題に分類しています。
これは、「計算はまちがえたが、計算のしくみや意味は理解している」「計算はできるが、文章題はできない」など、どこでつまずいているのかをつかみ、くり返し練習して学力の向上へと導くものです。十分にご活用ください。
「おぼえているかな」は、前学年のおさらいをして、当該学年の内容をより理解しやすいようにしました。すべての学年に掲載されていませんが、算数は系統的な教科なので前学年の内容が理解できると今の学年の学習が理解しやすくなります。小数の計算が苦手なのは、整数の計算が苦手なことが多いです。前学年の内容をおさらいすることは重要です。
本文には、小社独自の手書き風のやさしい文字を使っています。子どもたちに見やすく、きれいな字のお手本にもなるようにしました。
また、学校で「コピーして配れる」プリントです。コピーすると、プリント下部の「ページ番号が消える」ようにしました。余計な時間を省き、忙しい中でも「そのまま使える」ようにしました。

本書「初級算数習熟プリント」を活用いただき、基礎力を充実させていただければ幸いです。

学力の基礎をきたえどの子も伸ばす研究会

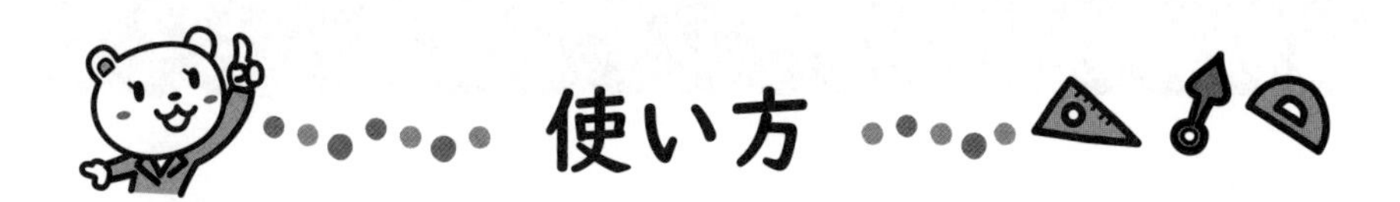

使い方

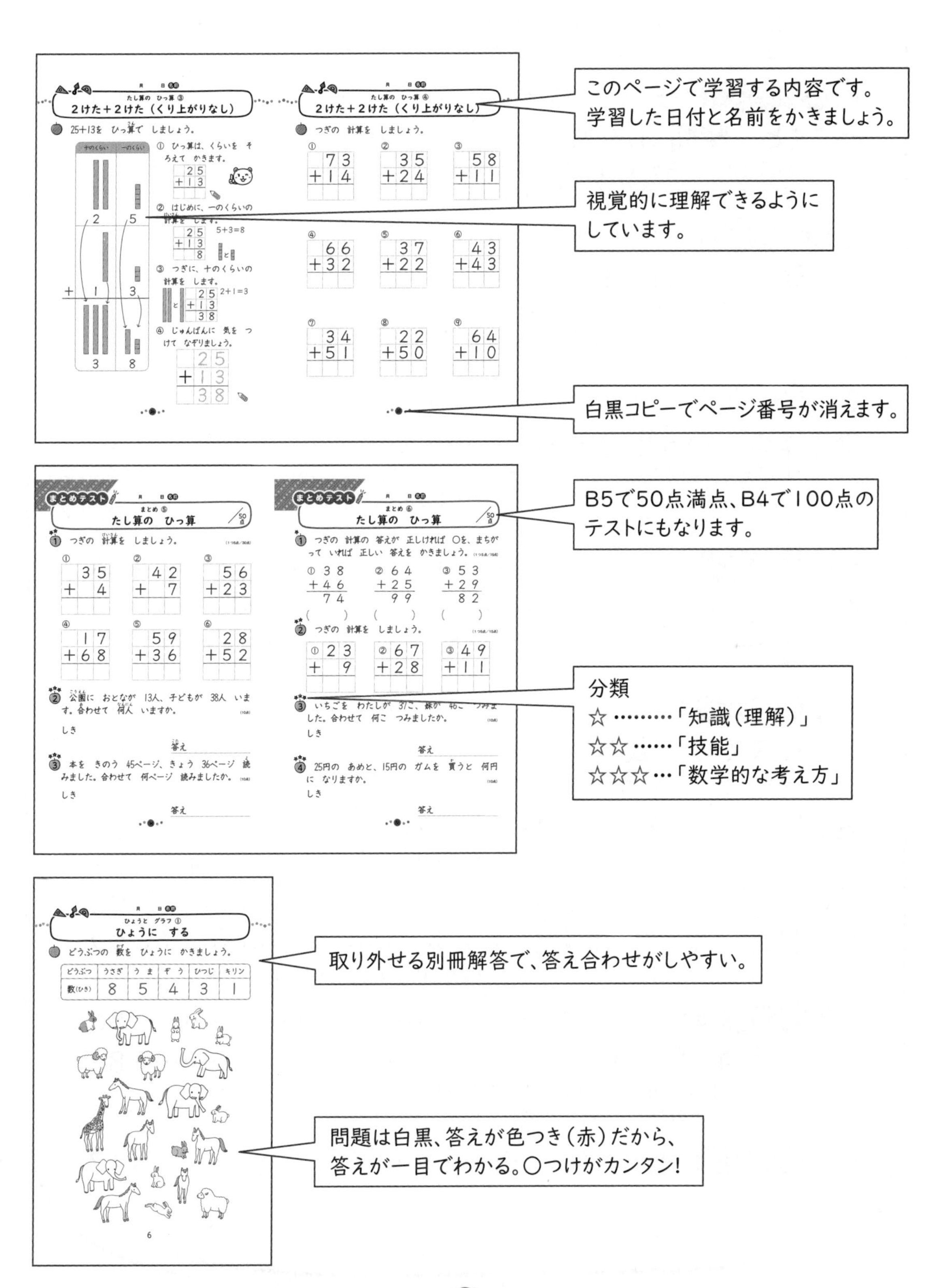

このページで学習する内容です。
学習した日付と名前をかきましょう。
視覚的に理解できるように
しています。
白黒コピーでページ番号が消えます。
B5で50点満点、B4で100点の
テストにもなります。
分類
☆ ･･････････「知識(理解)」
☆☆ ･･････「技能」
☆☆☆･･･「数学的な考え方」
取り外せる別冊解答で、答え合わせがしやすい。
問題は白黒、答えが色つき(赤)だから、
答えが一目でわかる。○つけがカンタン!

初級算数習熟プリント２年生　もくじ

月　　日 名前

ひょうと　グラフ ①

ひょうに　する

どうぶつの　数(かず)を　ひょうに　かきましょう。

どうぶつ	うさぎ	う　ま	ぞ　う	ひつじ	キリン
数(ひき)					

月　　日 名前

ひょうと　グラフ ②

グラフに　あらわす

1 ひだりの　ひょうの　どうぶつの　数を　見て、グラフに　○で　あらわしましょう。

どうぶつの　数

うさぎ	うま	ぞう	ひつじ	キリン

2 グラフを　見て　答えましょう。

① いちばん　多い　どうぶつは　何ですか。

(　　　　　　)

② いちばん　少ない　どうぶつは　何ですか。

(　　　　　　)

ひょうと　グラフ ③

グラフに　あらわす

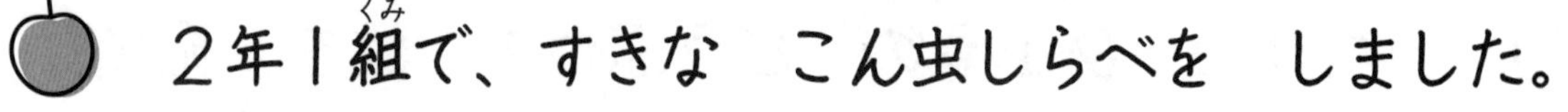

2年1組(くみ)で、すきな　こん虫しらべを　しました。

① ひょうを　見て、グラフに　○で　あらわしましょう。

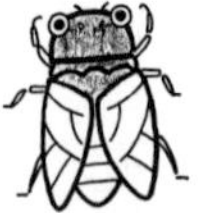

すきな　こん虫

こん虫	カマキリ	バッタ	カブトムシ	クワガタ	チョウ	トンボ	セミ
人数(にんずう)(人)	4	5	6	5	2	3	1

（　　　　　　）

カマキリ	バッタ	カブトムシ	クワガタ	チョウ	トンボ	セミ

② グラフの　だいを　かきましょう。

③ すきな　人の　数(かず)が　いちばん　多(おお)い　こん虫は　何(なん)ですか。

（　　　　　　）

④ すきな　人の　数が　同(おな)じ　こん虫は、何と　何ですか。

（　　　　　　）

（　　　　　　）

月　　日 名前

ひょうと　グラフ ④

グラフを　読む

公園（こうえん）に　来（き）た　ミニどうぶつ園の　どうぶつの数を　グラフに　しました。

どうぶつの　数

<table>
<tr><td>○</td><td></td><td></td><td></td><td></td></tr>
<tr><td>○</td><td></td><td></td><td>○</td><td></td></tr>
<tr><td>○</td><td></td><td></td><td>○</td><td></td></tr>
<tr><td>○</td><td></td><td></td><td>○</td><td></td></tr>
<tr><td>○</td><td>○</td><td></td><td>○</td><td></td></tr>
<tr><td>○</td><td>○</td><td>○</td><td>○</td><td></td></tr>
<tr><td>○</td><td>○</td><td>○</td><td>○</td><td>○</td></tr>
<tr><td>うさぎ</td><td>ひつじ</td><td>やぎ</td><td>にわとり</td><td>ろば</td></tr>
</table>

① ひょうに　数を　かきましょう。

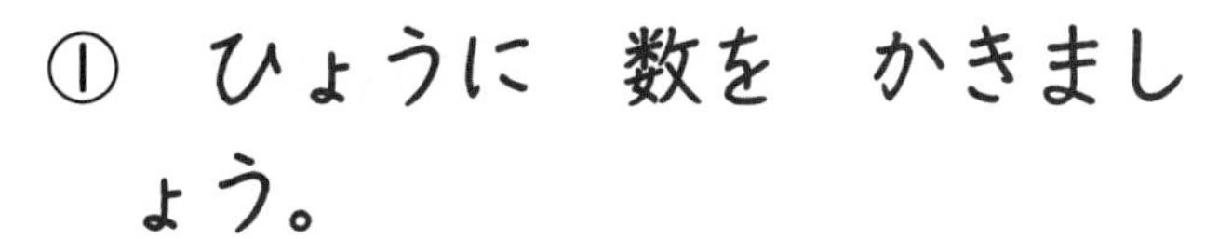

どうぶつ	うさぎ	ひつじ	や　ぎ	にわとり	ろ　ば
数(ひき)					

② ひょうの　だいは何ですか。

（　　　　　　　　）

③ いちばん　たくさん　いるどうぶつは　何ですか。

（　　　　　　　　）

④ 2ばん目に　多い　どうぶつは　何ですか。

（　　　　　　　　）

⑤ いちばん　少（すく）ない　どうぶつは　何ですか。

（　　　　　　　　）

まとめテスト　月　日　名前

まとめ ①
ひょうと　グラフ

/50点

2年2組で、すきな　くだものを　しらべました。

① ひょうを　見て、グラフに　○で　あらわしましょう。

（グラフ1つ4点／20点）

すきな　くだもの

くだもの	バナナ	ぶどう	みかん	メロン	りんご
人数(人)	6	4	3	7	5

（　　　　　　）

バナナ	ぶどう	みかん	メロン	りんご

② グラフの　だいを　かきましょう。

（10点）

③ すきな　人が　いちばん　多い　くだものは　何ですか。

（10点）

（　　　　　　）

④ すきな　人が　いちばん　少ない　くだものは　何ですか。

（10点）

（　　　　　　）

まとめテスト　　月　　日 名前

まとめ ②

ひょうと　グラフ

/50点

2年1組で、すきな　ゆうぐを　しらべて　グラフに　しました。

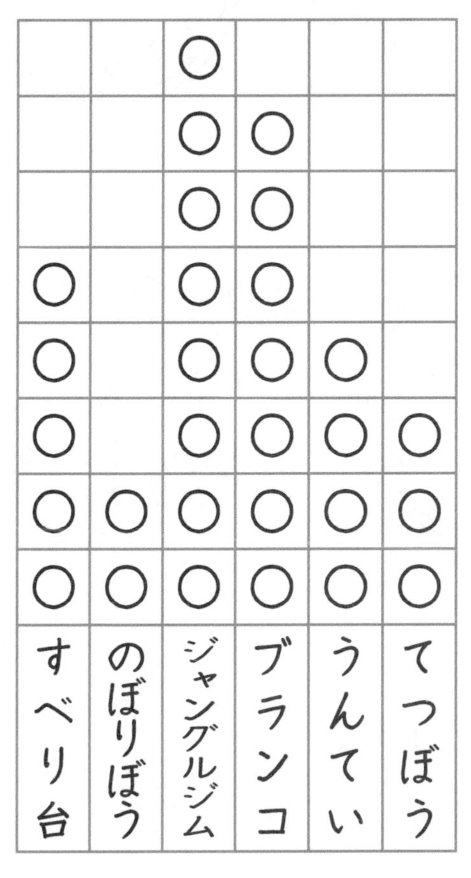

すきな　ゆうぐ

		○			
		○	○		
		○	○		
○		○	○		
○		○	○	○	
○		○	○	○	○
○	○	○	○	○	○
○	○	○	○	○	○
すべり台	のぼりぼう	ジャングルジム	ブランコ	うんてい	てつぼう

① グラフの　だいは　何ですか。（10点）

（　　　　　　）

② すきな　人の　人数を　かきましょう。（1つ5点／30点）

㋐ すべり台(だい)（　　　）人

㋑ のぼりぼう（　　　）人

㋒ ジャングルジム（　　　）人

㋓ ブランコ（　　　）人

㋔ うんてい（　　　）人

㋕ てつぼう（　　　）人

③ すきな　人が　いちばん　多い　ゆうぐは　何ですか。（10点）

（　　　　　　）

月　　日　名前

時こくと　時間 ①

おぼえて　いるかな

1　時計（とけい）を　読（よ）みましょう。

① 
（　　　　）

② 
（　　　　）

③ 
（　　　　）

④ 
（　　　　）

⑤ 
（　　　　）

⑥ 
（　　　　）

2　時計の　はりを　かきましょう。

①　9時（じ）

②　1時半（はん）

③　11時

月　　日 名前

時こくと　時間 ②

おぼえて　いるかな

1 時計を　読みましょう。

①  (　　　　)

②  (　　　　)

③  (　　　　)

④  (　　　　)

⑤  (　　　　)

⑥  (　　　　)

2 時計の　はりを　かきましょう。

① 4時52分(ふん)

② 2時6分(ぷん)

③ 8時27分

月　　日 名前

時こくと　時間 ③

時間の　もんだい

時こくと　時間について　考えましょう。

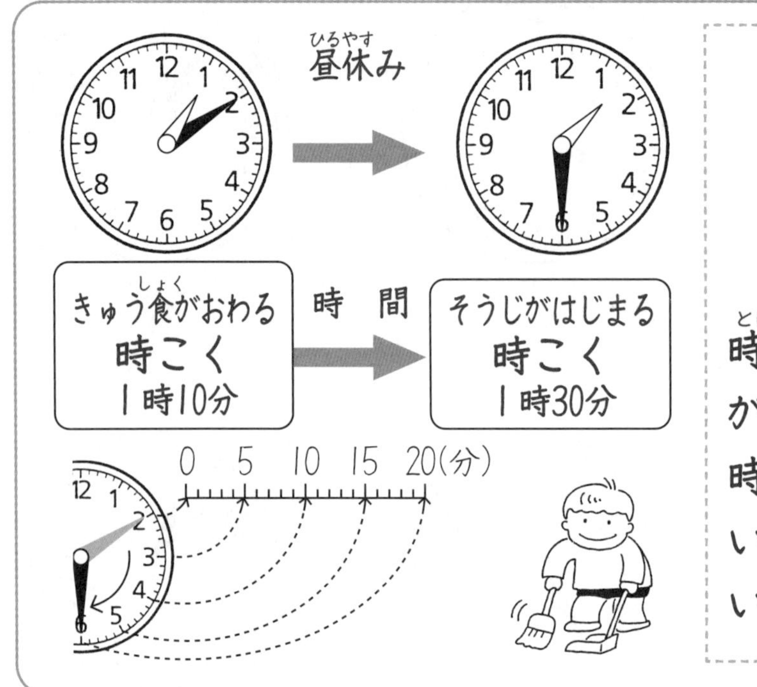

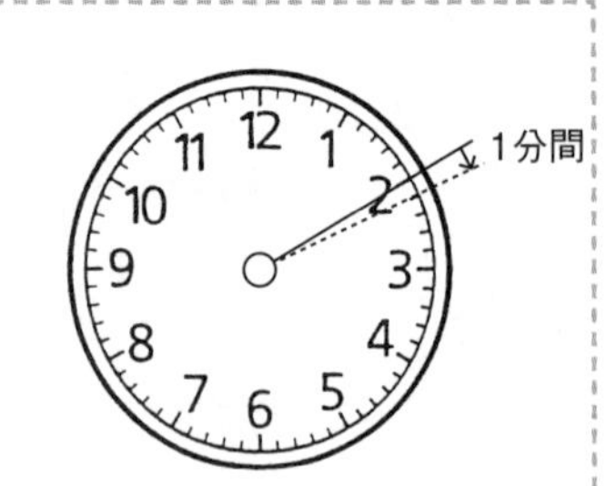

時計の　長い　はりが1めもり　すすむ時間を1分間と　いいます。1分とも　いいます。

① 昼休みの　時間は　何分間ですか。上の　図を見て　かきましょう。

1時10分から　1時30分までの　時間（　　　　分間）

② そうじの　時間は、何分間ですか。

（　　　　分間）

月　　日 名前

時こくと　時間 ④

時間の　もんだい

つぎの　時間は、何分間ですか。

① １時間目の はじまり　　１時間目の おわり

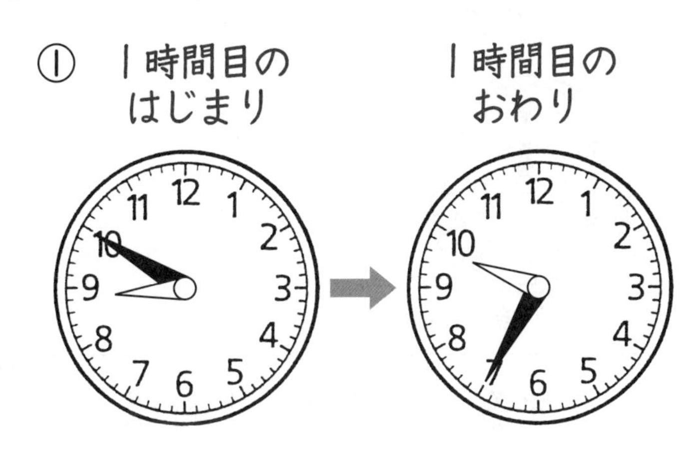

・１時間目の べん強(きょう)の　時間

（　　分間）

② １時間目の おわり　　２時間目の はじまり

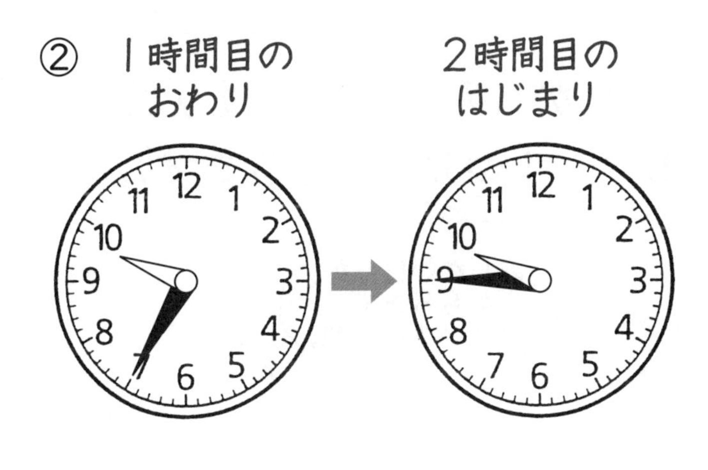

・休み時間

（　　分間）

③ ２時間目の おわり　　３時間目の はじまり

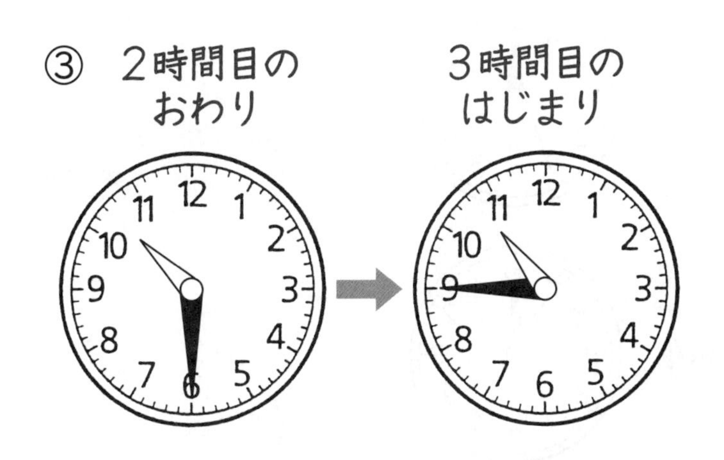

・休み時間

（　　分間）

月　　日 名前

時こくと　時間 ⑤

１時間＝60分

① ３時から　４時の　間に、長い　はりが　１回り しました。時間は　何分間ですか。

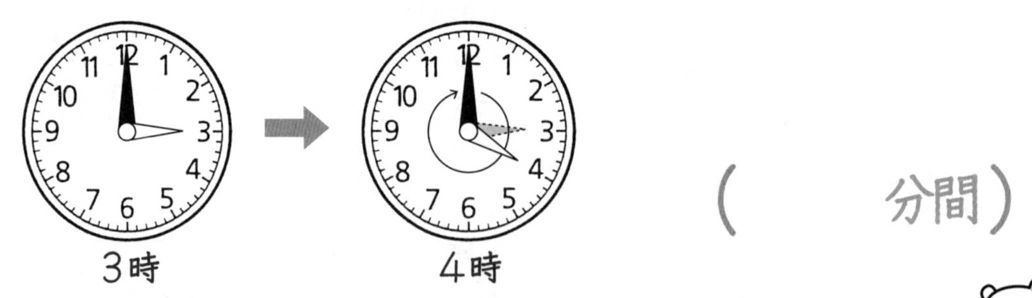

（　　　分間）

長い　はりが　１回りする　時間は、１時間。
１時間＝60分間（※60分間の　ことを　60分とも　いう。）

② 何時間　たちましたか（みじかい　はりは、１時間で　数字の　めもり　１つ分　うごきます）。

①
みじかいはりが、
１から３まで
うごいているね。
②
③

①（　　　時間）

②（　　　時間）

③（　　　時間）

月　　日 名前

時こくと　時間 ⑥

時間の　もんだい

何時間　たちましたか。

① 学校を出ぱつした時こく（遠足（えんそく））　学校に帰（かえ）った時こく

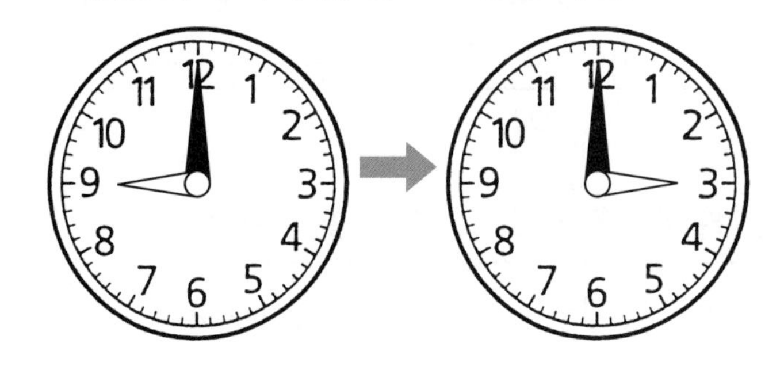

・遠足に　行（い）って　いた　時間

（　　時間）

② 野（や）きゅうのれんしゅうをはじめた時こく　野きゅうのれんしゅうがおわった時こく

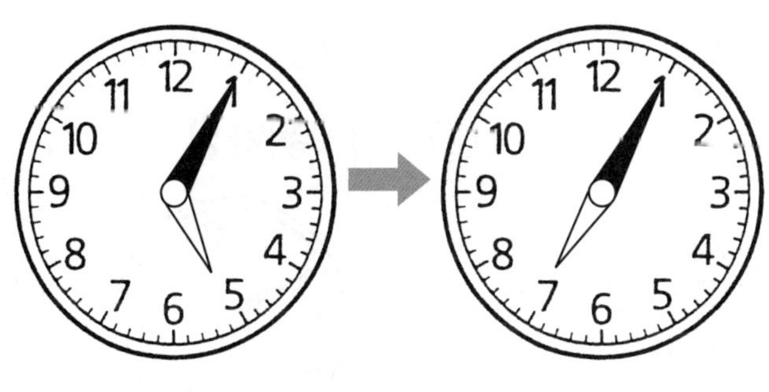

・野きゅうの　れんしゅうを　して　いた　時間

（　　時間）

③ ドライブに出かけた時こく　家（いえ）に帰った時こく

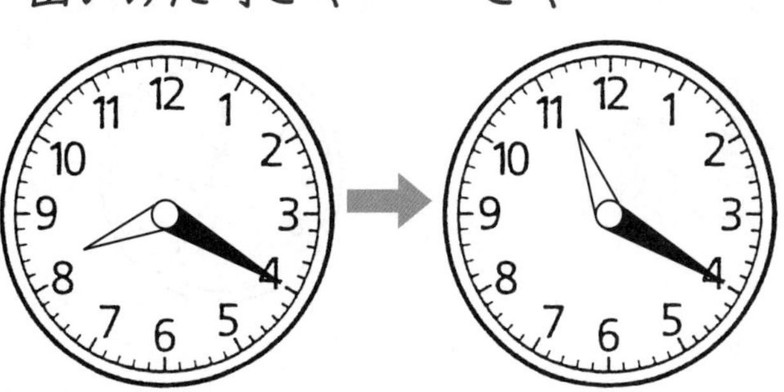

・ドライブを　して　いた　時間

（　　時間）

月　　日 名前

時こくと　時間 ⑦

午前と　午後

昼(ひる)の　12時(じ)までを　午前(ごぜん)、夜(よる)の　12時までを　午後(ごご)と　いいます。

←　午前　→	←　午後　→
0　2　4　6　8　10　12	2　4　6　8　10　12
(0)	0

正午(しょうご)

午前は　12時間(じかん)、午後は　12時間　あります。

時計(とけい)の　みじかい　はりが　1回(まわ)りする　時間は、12時間です。　1日＝24時間

つぎの　時計が　さして　いる　時こくを、午前か　午後を　入れて、かきましょう。

① 朝(あさ)の読書(どくしょ)

(　　　　　　)

② 1時間目

(　　　　　　)

③ 5時間目の　はじまり

(　　　　　　)

④ 家(いえ)に　ついた

(　　　　　　)

時こくと　時間 ⑧

時こくの　もんだい

昼の 12時を 正午と いいます。
正午を すぎると、午後です。

左の 時こくは、
午後0時15分(ふん)です。

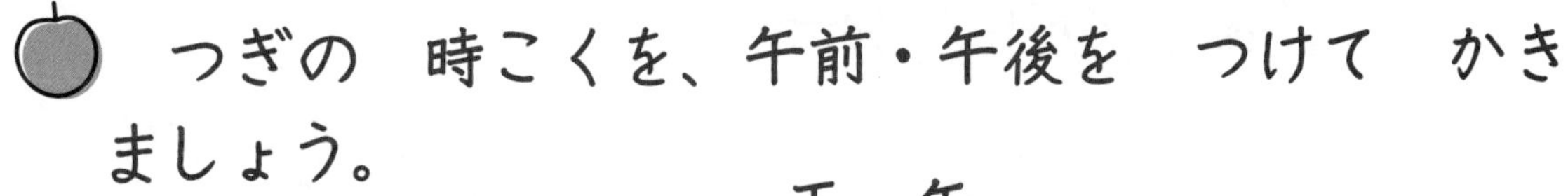

つぎの　時こくを、午前・午後を　つけて　かきましょう。

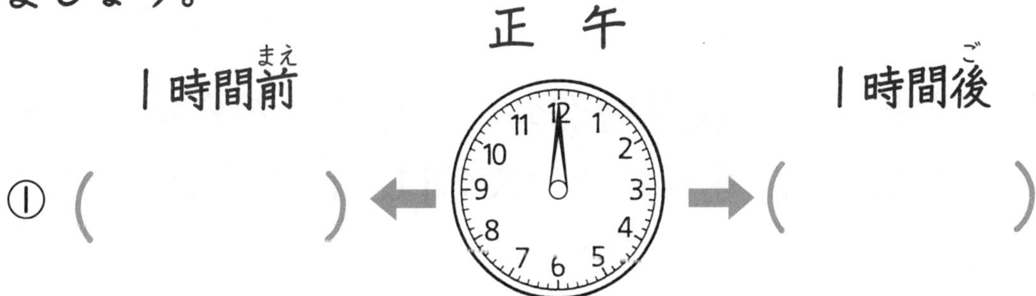

午　後

30分前　　　　50分後

③ (　　　　) ← → (　　　　)

月　　日 名前

時こくと　時間 ⑨

時こくの　もんだい

① 今、午前10時10分です。20分　たつと、何時何分ですか。

しき　10時10分＋20分＝10時30分

答え　午前10時30分

② 学校を　午後２時30分に　出て、20分後に　家につきました。家に　ついたのは、何時何分ですか。

しき

答え

③ プールに　行くのに、家を　午後３時15分に　出ました。プールまでは、40分　かかります。何時何分に　つきますか。

しき

答え

月　　日 名前

時こくと　時間 ⑩

時こくの　もんだい

① 今、午前９時50分です。30分前(ぷんまえ)は、何時何分ですか。

しき　９時50分－30分＝９時20分

答え　午前９時20分

② 20分間　さん歩(ぽ)に　行きました。帰(かえ)ってきたのは午後５時50分でした。出かけたのは、何時何分ですか。

しき

答え

③ 夕食(ゆうしょく)を　食(た)べおわったのが、午後７時55分でした。
　食じに　かかった　時間は　30分です。夕食を食べはじめたのは、何時何分ですか。

しき

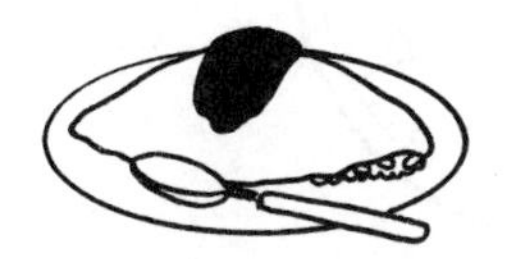

答え

まとめテスト

月　　日 名前

まとめ ③
時こくと　時間

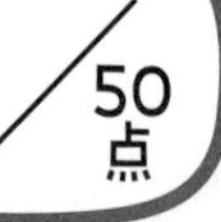

① □に　あてはまる　数を　かきましょう。

（１つ10点／20点）

① 1時間 ＝ □ 分　　② 1日 ＝ □ 時間

② （　）に　あてはまる　ことばを　□から　えらんで　かきましょう。

（１つ10点／20点）

ひなたさんは　午前８時に　家を　出て　午前８時15分に　学校へ　つきました。

① 家を　出た（　　　　）は　午前８時です。

② かかった（　　　　）は　15分間です。

時こく　　時間

③ つぎの　時間を　もとめましょう。

（10点）

午後９時から
午後11時30分　（　　　　　　）

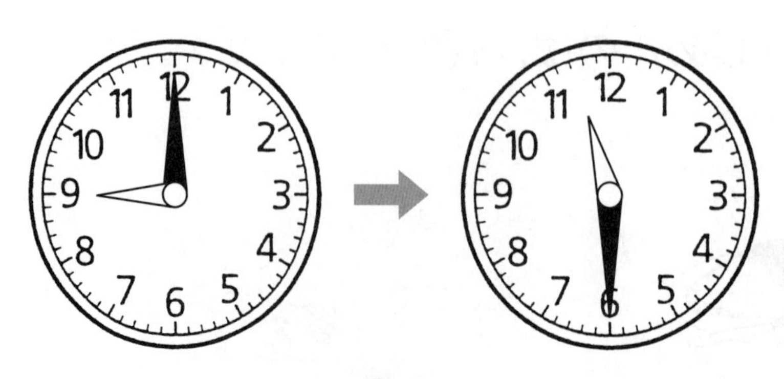

月　　日 名前

まとめ ④

時こくと　時間

/50点

1　つぎの　時こくを　午前・午後を　つけて　かきましょう。

（1つ10点／20点）

① 朝（あさ）　　② 夜（よる）

（　　　　　　）（　　　　　　）

2　今（いま）　午後1時50分です。つぎの　時こくを　かきましょう。

（1つ10点／20点）

① 30分後の　時こく

（　　　　　　）

② 40分前の　時こく

（　　　　　　）

3　午後3時20分に　しゅくだいを　はじめて　30分間で　おわりました。おわった　時こくは　何時何分ですか。

（10点）

しき

（　　　　　　）

月　　日 名前

たし算の　ひっ算 ①

おぼえて　いるかな

1 つぎの　計算(けいさん)を　しましょう。

① $4+3=$　　② $7+3=$

③ $9+4=$　　④ $5+8=$

⑤ $7+6=$　　⑥ $5+9=$

⑦ $10+4=$　　⑧ $12+3=$

⑨ $14+5=$　　⑩ $16+2=$

⑪ $11+3=$　　⑫ $12+1=$

2 わたしが　８こ、妹(いもうと)が　７こ　いちごを　食(た)べました。あわせて　何(なん)こ　食べましたか。

しき

答(こた)え

月　　日 名前

たし算の　ひっ算 ②

おぼえて　いるかな

つぎの　計算を　しましょう。

① 7＋4＝　　② 3＋8＝

③ 9＋7＝　　④ 7＋5＝

⑤ 4＋8＝　　⑥ 5＋7＝

⑦ 8＋8＝　　⑧ 4＋9＝

⑨ 7＋7＝　　⑩ 9＋5＝

⑪ 8＋7＝　　⑫ 2＋9＝

⑬ 8＋9＝　　⑭ 9＋2＝

⑮ 8＋4＝　　⑯ 9＋8＝

⑰ 5＋8＝　　⑱ 4＋7＝

たし算の　ひっ算 ③

2けた＋2けた（くり上がりなし）

25＋13を　ひっ算で　しましょう。

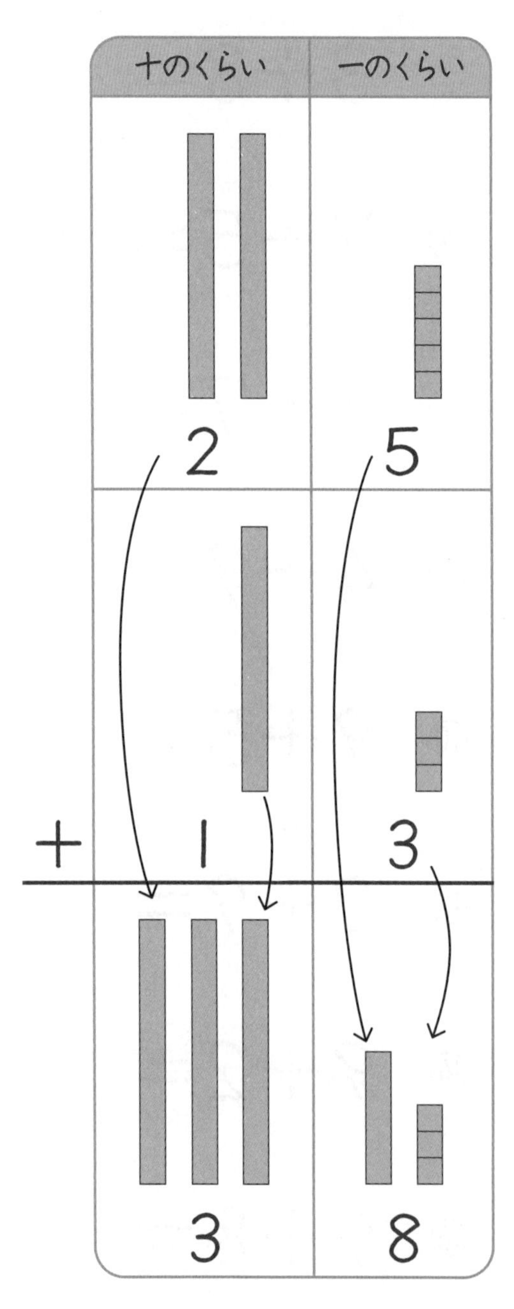

① ひっ算は、くらいを　そろえて　かきます。

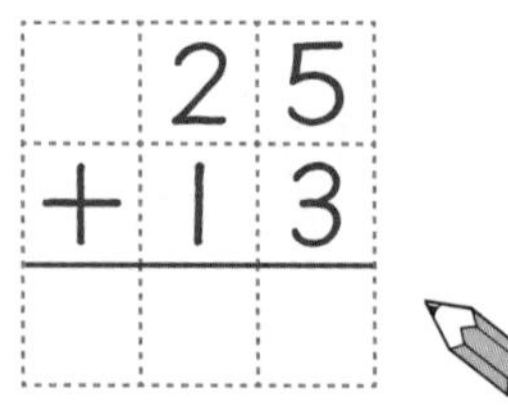

② はじめに、一のくらいの計算を　します。

	2	5
＋	1	3
		8

5＋3＝8

と

③ つぎに、十のくらいの計算を　します。

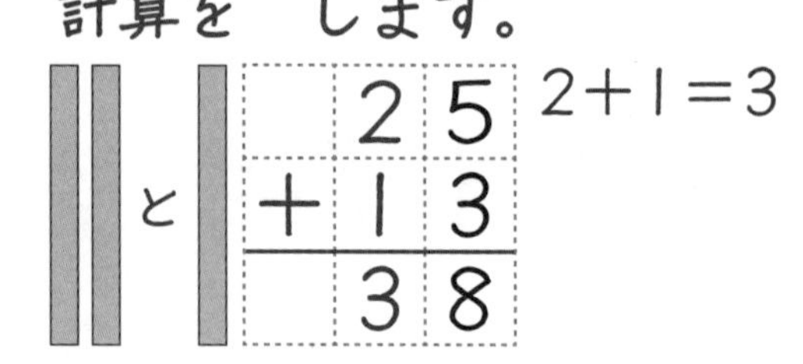

④ じゅんばんに　気を　つけて　なぞりましょう。

	2	5
＋	1	3
	3	8

月　日 名前

たし算の　ひっ算 ④

2けた＋2けた（くり上がりなし）

つぎの　計算を　しましょう。

①

	7	3
＋	1	4

②

	3	5
＋	2	4

③

	5	8
＋	1	1

④

	6	6
＋	3	2

⑤

	3	7
＋	2	2

⑥

	4	3
＋	4	3

⑦

	3	4
＋	5	1

⑧

	2	2
＋	5	0

⑨

	6	4
＋	1	0

月　日 名前

たし算の　ひっ算 ⑤

2けた＋2けた（くり上がりあり）

34＋18を　ひっ算(さん)で　しましょう。

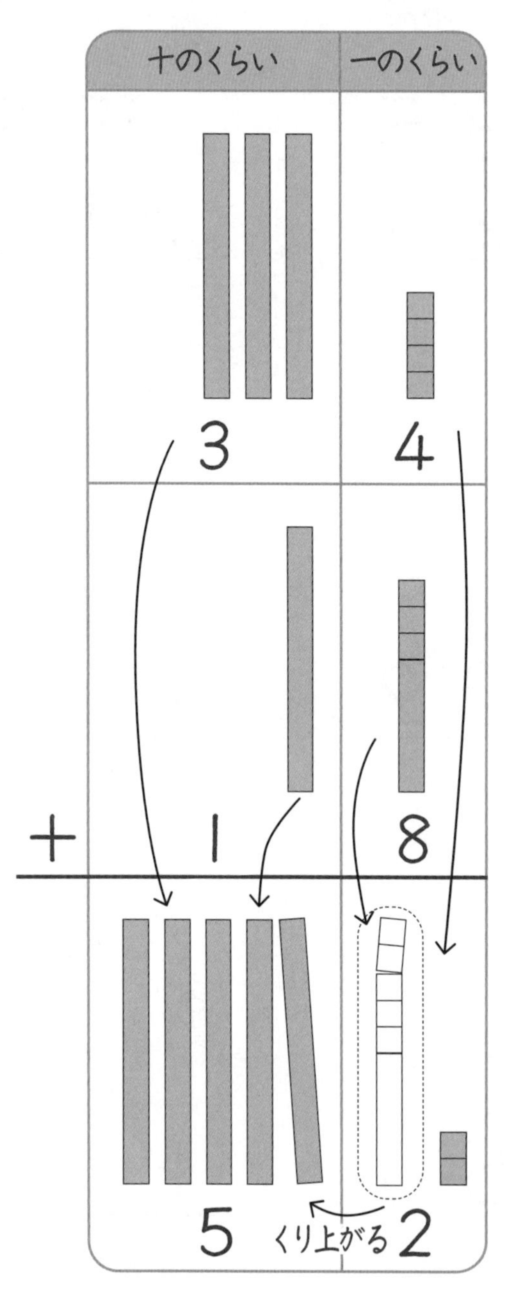

① はじめに、一のくらいの計算(けいさん)を　します。

	3	4
＋	1	8
	¹	2

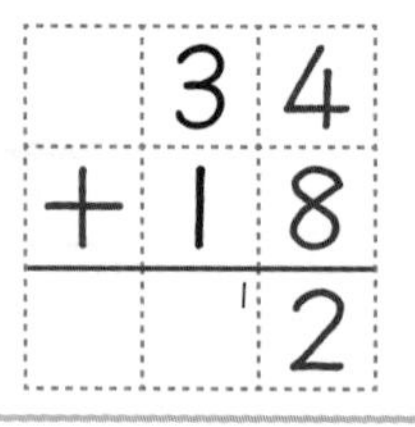

4＋8＝12で　十のくらいにくり上がるので、まず、十のくらいの　ところに、小さく「1」をかきます。そして、一のくらいに大きく「2」を　かきます。

② つぎに、十のくらいの計算を　します。

	3	4
＋	1	8
	5¹	2

くり上がった「1」が　あるので、3＋1＋1の計算を　します。

③ じゅんばんに　気を　つけて　なぞりましょう。

	3	4
＋	1	8
	5¹	2

月　　日 名前

たし算の　ひっ算 ⑥

2けた＋2けた（くり上がりあり）

つぎの　計算を　しましょう。

①

	2	2
＋	6	9
	1	

②

	3	3
＋	5	8
	1	

③

	6	7
＋	1	6
	1	

④

	7	9
＋	1	5

⑤

	4	6
＋	4	7

⑥

	4	9
＋	2	4

⑦

	4	3
＋	3	7

⑧

	3	5
＋	5	6

⑨

	2	7
＋	4	7

月　　日 名前

たし算の　ひっ算 ⑦

2けた＋2けた（くり上がりあり）

つぎの　計算（けいさん）を　しましょう。

①

	1	4
＋	1	6

②

	2	7
＋	2	5

③

	3	8
＋	5	4

④

	4	2
＋	2	8

⑤

	1	9
＋	3	3

⑥

	5	1
＋	1	9

⑦

	2	6
＋	4	6

⑧

	4	4
＋	3	7

⑨

	5	9
＋	2	9

月　　日 名前

たし算の　ひっ算 ⑧

2けた＋2けた（くり上がりあり）

1 つぎの　計算を　しましょう。

①

	1	6
＋	6	5

②

	3	8
＋	3	2

③

	2	8
＋	4	6

④

	4	7
＋	3	4

⑤

	5	2
＋	2	9

⑥

	7	7
＋	1	7

2 きのう　36ページ、きょう　44ページ　本を　読(よ)みました。ぜんぶで　何(なん)ページ　読みましたか。

しき

答(こた)え

月　　日 名前

たし算の　ひっ算 ⑨
2けた＋1けた（くり上がりなし）

1 つぎの　計算を　しましょう。

①
$$\begin{array}{r} 11 \\ +\ \ 7 \\ \hline \end{array}$$

②
$$\begin{array}{r} 33 \\ +\ \ 4 \\ \hline \end{array}$$

③
$$\begin{array}{r} 43 \\ +\ \ 0 \\ \hline \end{array}$$

④
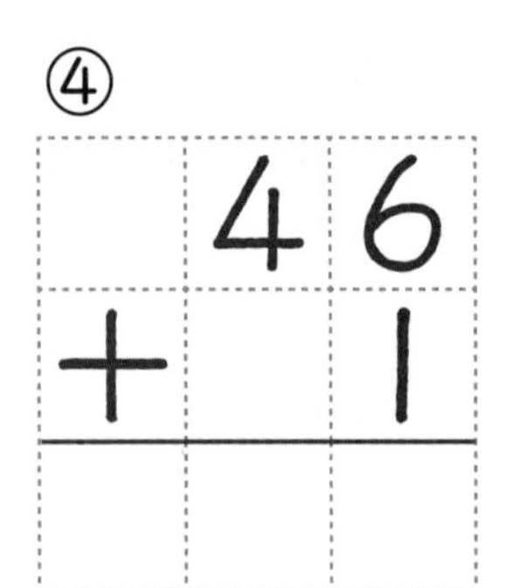
$$\begin{array}{r} 46 \\ +\ \ 1 \\ \hline \end{array}$$

⑤
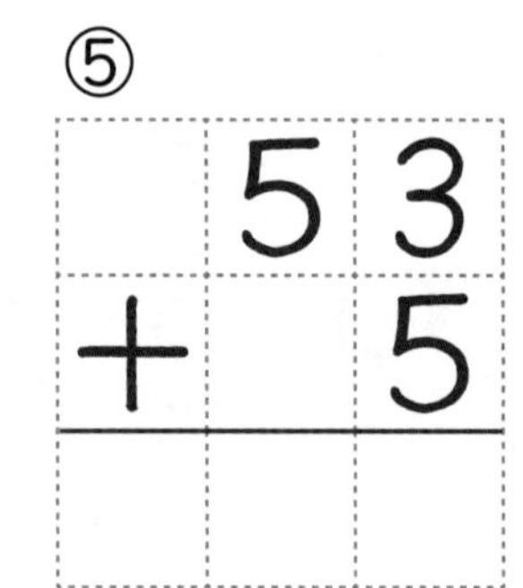
$$\begin{array}{r} 53 \\ +\ \ 5 \\ \hline \end{array}$$

⑥
$$\begin{array}{r} 61 \\ +\ \ 3 \\ \hline \end{array}$$

2 色紙を　70まい　もって　いました。8まい　もらうと　色紙は　合わせて　何まいに　なりましたか。

しき

答え

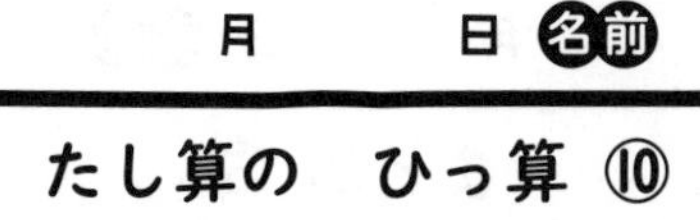

月　　日 名前

たし算の　ひっ算 ⑩

2けた＋1けた（くり上がりあり）

1 つぎの　計算を　しましょう。

①
$$\begin{array}{r} 76 \\ +\ \ 6 \\ \hline \end{array}$$

②
$$\begin{array}{r} 87 \\ +\ \ 5 \\ \hline \end{array}$$

③
$$\begin{array}{r} 68 \\ +\ \ 3 \\ \hline \end{array}$$

④
$$\begin{array}{r} 25 \\ +\ \ 5 \\ \hline \end{array}$$

⑤
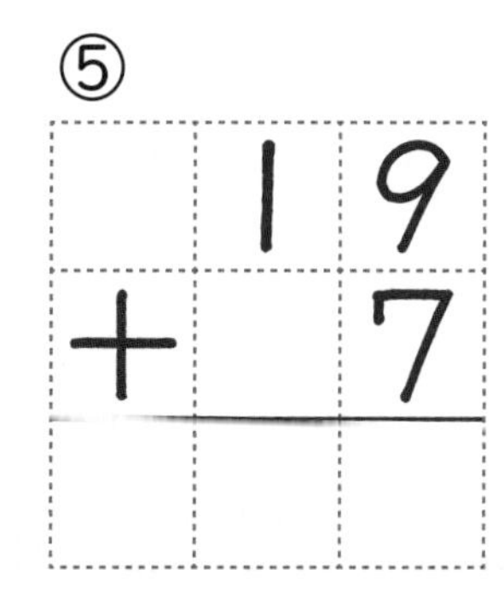
$$\begin{array}{r} 19 \\ +\ \ 7 \\ \hline \end{array}$$

⑥
$$\begin{array}{r} 38 \\ +\ \ 8 \\ \hline \end{array}$$

2 赤い　花が　13本　白い　花が　9本　あります。
合わせて　花は　何本　ですか。

しき

答え ＿＿＿＿＿＿＿＿

まとめテスト　　月　　日　名前

まとめ ⑤

たし算の　ひっ算

／50点

① つぎの　計算(けいさん)を　しましょう。

（1つ5点／30点）

①

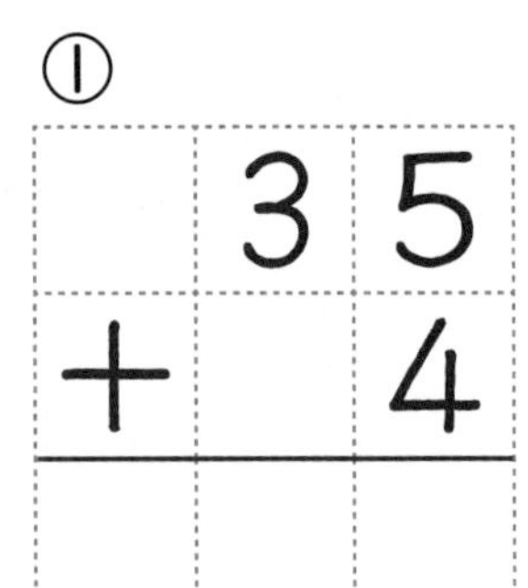

	3	5
＋		4

②

	4	2
＋		7

③

	5	6
＋	2	3

④

	1	7
＋	6	8

⑤

	5	9
＋	3	6

⑥

	2	8
＋	5	2

② 公園(こうえん)に　おとなが　13人、子どもが　38人　います。合(あ)わせて　何人(なんにん)　いますか。

（10点）

しき

答(こた)え

③ 本を　きのう　45ページ、きょう　36ページ　読(よ)みました。合わせて　何ページ　読みましたか。

（10点）

しき

答え

まとめテスト

月　日 名前

まとめ ⑥

たし算の　ひっ算

/50点

1 つぎの　計算の　答えが　正しければ　○を、まちがって　いれば　正しい　答えを　かきましょう。（1つ5点／15点）

① 38 + 46 = 74　（　　）

② 64 + 25 = 99　（　　）

③ 53 + 29 = 82　（　　）

2 つぎの　計算を　しましょう。（1つ5点／15点）

①	2	3
＋		9

②	6	7
＋	2	8

③	4	9
＋	1	1

3 いちごを　わたしが　37こ、妹（いもうと）が　46こ　つみました。合わせて　何こ　つみましたか。（10点）

しき

答え

4 25円の　あめと、15円の　ガムを　買（か）うと　何円に　なりますか。（10点）

しき

答え

ひき算の　ひっ算 ①

おぼえて　いるかな

1 つぎの　計算(けいさん)を　しましょう。

① $8-5=$　　② $7-3=$

③ $10-4=$　　④ $11-6=$

⑤ $13-7=$　　⑥ $17-8=$

⑦ $12-9=$　　⑧ $14-5=$

⑨ $16-2=$　　⑩ $15-4=$

⑪ $18-3=$　　⑫ $17-5=$

2 みかんが　12こ、りんごが　7こ　あります。
ちがいは　何(なん)こ　ですか。

しき

答(こた)え

月　　日 名前

ひき算の　ひっ算 ②

おぼえて　いるかな

つぎの　計算を　しましょう。

① 14−9＝　　② 11−4＝

③ 17−8＝　　④ 14−6＝

⑤ 18−9＝　　⑥ 12−3＝

⑦ 16−8＝　　⑧ 13−6＝

⑨ 15−9＝　　⑩ 11−6＝

⑪ 14−5＝　　⑫ 11−9＝

⑬ 12−6＝　　⑭ 13−9＝

⑮ 16−7＝　　⑯ 11−5＝

⑰ 13−7＝　　⑱ 14−8＝

ひき算の　ひっ算 ③

2けた－2けた（くり下がりなし）

48－25を　ひっ算(さん)で　しましょう。

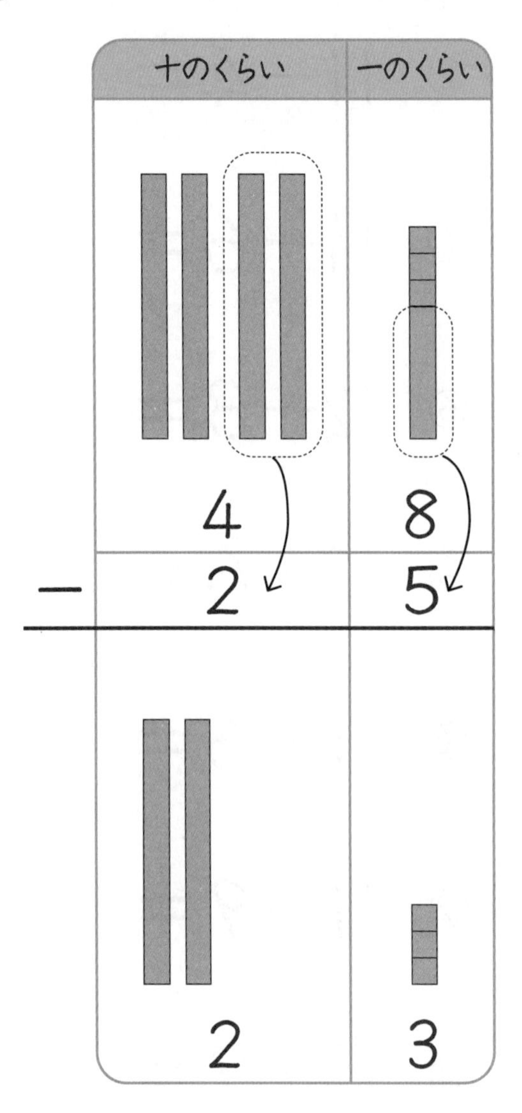

① ひっ算は　くらいを　そろえて　かきます。

	4	8
－	2	5

② はじめに、一のくらいの計算(けいさん)を　します。

	4	8
－	2	5
		3

8－5

③ つぎに、十のくらいの計算を　します。

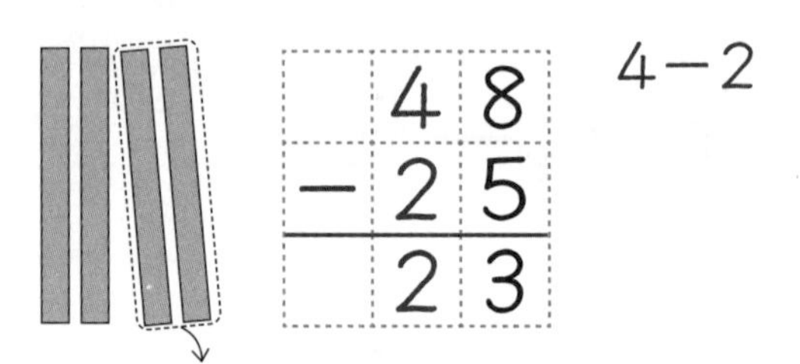

	4	8
－	2	5
	2	3

4－2

④ なぞりましょう。

	4	8
－	2	5
	2	3

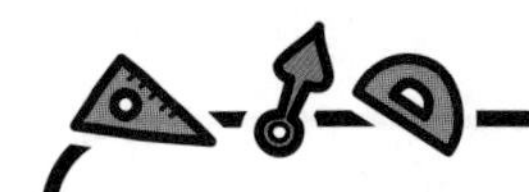

月　日 名前

ひき算の　ひっ算 ④
2けた－2けた（くり下がりなし）

つぎの　計算を　しましょう。

①
$$\begin{array}{r} 56 \\ -\,34 \\ \hline \end{array}$$

②
$$\begin{array}{r} 48 \\ -\,25 \\ \hline \end{array}$$

③
$$\begin{array}{r} 66 \\ -\,42 \\ \hline \end{array}$$

④
$$\begin{array}{r} 35 \\ -\,24 \\ \hline \end{array}$$

⑤
$$\begin{array}{r} 87 \\ -\,15 \\ \hline \end{array}$$

⑥
$$\begin{array}{r} 78 \\ -\,36 \\ \hline \end{array}$$

⑦
$$\begin{array}{r} 63 \\ -\,52 \\ \hline \end{array}$$

⑧
$$\begin{array}{r} 99 \\ -\,68 \\ \hline \end{array}$$

⑨
$$\begin{array}{r} 84 \\ -\,73 \\ \hline \end{array}$$

⑩
$$\begin{array}{r} 78 \\ -\,47 \\ \hline \end{array}$$

⑪
$$\begin{array}{r} 76 \\ -\,66 \\ \hline \end{array}$$

⑫
$$\begin{array}{r} 35 \\ -\,13 \\ \hline \end{array}$$

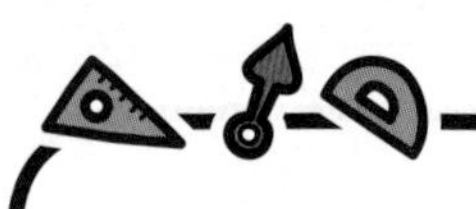

月　　日 名前

ひき算の　ひっ算 ⑤

２けた－２けた（くり下がりあり）

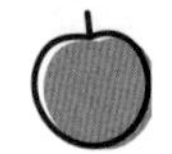

32－18を　ひっ算で　しましょう。

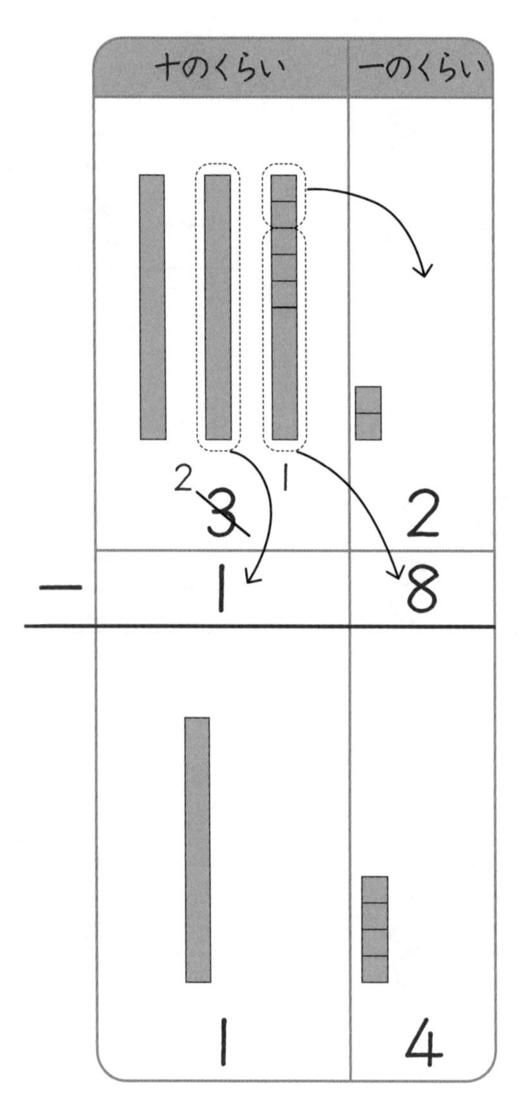

① ひっ算は　くらいを　そろえて　かきます。

	3	2
－	1	8

② はじめに、一のくらいの計算を　します。

	2	1
	3	2
－	1	8
		4

2－8は　できません。十のくらいから　十を1つ　くずします。

12－8＝4

③ つぎに、十のくらいの計算を　します。

	2	1
	3	2
－	1	8
	1	4

3は　1くり下げたので　2になっています。2－1＝1

④ なぞりましょう。

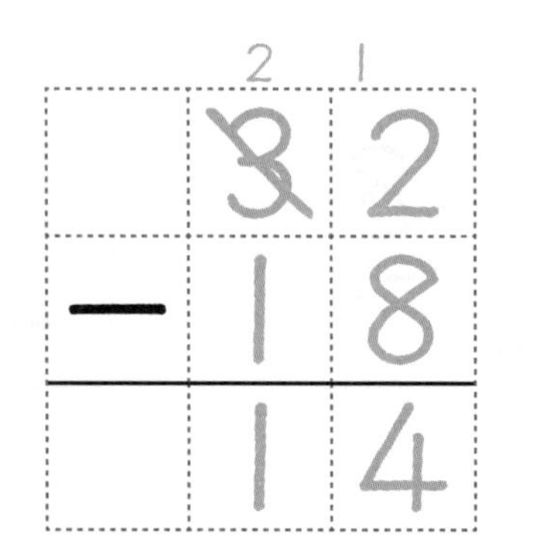

月　　日 名前

ひき算の　ひっ算 ⑥

2けた－2けた（くり下がりあり）

つぎの　計算を　しましょう。

①
	4	1
	5	3
－	3	6
	1	7

②
	4	2
－	2	9

③
	7	4
－	3	8

④
	7	4
－	4	7

⑤
	6	2
－	3	7

⑥
	4	1
－	1	4

⑦
	7	4
－	2	5

⑧
	9	6
－	5	8

⑨
	8	5
－	4	9

⑩
	9	3
－	7	8

⑪
	6	1
－	1	9

⑫
	8	2
－	6	3

月　　日 名前

ひき算の　ひっ算 ⑦

2けた－2けた（くり下がりあり）

つぎの　計算（けいさん）を　しましょう。

①

	8	1
－	2	8

②

	7	1
－	1	6

③

	5	0
－	2	7

④

	6	0
－	4	4

⑤

	5	0
－	3	2

⑥

	8	2
－	5	4

⑦

	8	3
－	4	5

⑧

	9	2
－	3	6

⑨

	8	5
－	1	6

⑩

	9	5
－	6	7

⑪

	7	5
－	5	8

⑫

	8	6
－	3	9

ひき算の　ひっ算 ⑧

2けた－2けた（くり下がりあり）

① つぎの　計算を　しましょう。

①
	4	0
－	2	3

②
	5	2
－	1	5

③
	6	3
－	1	9

④
	9	3
－	4	7

⑤
	3	0
－	1	5

⑥
	9	4
－	7	6

⑦
	7	1
－	4	7

⑧
	9	1
－	2	3

⑨
	8	0
－	5	6

② 1年生が　47人、2年生が　61人　います。
2年生は　1年生より　何人（なんにん）　多（おお）いですか。

しき

答（こた）え

月　　日 名前

ひき算の　ひっ算 ⑨

2けた－1けた（くり下がりなし）

1 つぎの　計算(けいさん)を　しましょう。

①
	2	9
－		8

②
	3	8
－		7

③
	8	2
－		0

④
	1	7
－		5

⑤
	6	6
－		5

⑥
	4	7
－		3

⑦
	7	8
－		6

⑧
	5	5
－		3

⑨
	9	3
－		2

2 色紙(いろがみ)を　25まい　もって　います。
4まい　つかいました。のこりは　何(なん)まいですか。

しき

答(こた)え

月　　日 名前

ひき算の　ひっ算 ⑩

2けた－1けた（くり下がりあり）

1 つぎの　計算を　しましょう。

①

	5	6
－		8

②

	2	5
－		7

③

	6	3
－		6

④

	8	1
－		9

⑤

	3	0
－		5

⑥

	7	2
－		3

⑦

	4	0
－		2

⑧

	9	2
－		4

⑨

	4	1
－		5

2 公園（こうえん）で　20人　あそんで　いました。
7人　帰（かえ）りました。今（いま）、公園には　何人　いますか。

しき

答え

まとめテスト　月　日　名前

まとめ ⑦

ひき算の　ひっ算

／50点

① つぎの　計算(けいさん)を　しましょう。（1つ5点／30点）

①
	7	8
−		5

②
	4	6
−	1	3

③
	5	9
−	4	5

④
	6	4
−	2	8

⑤
	8	3
−	5	6

⑥
	9	7
−	3	9

② お金を　90円　もって　います。15円の　あめを　買(か)いました。何円(なんえん)　のこって　いますか。（10点）

しき

答(こた)え ＿＿＿＿＿＿＿＿

③ 赤い　花が　35本、白い　花が　19本　あります。ちがいは　何本ですか。（10点）

しき

答え ＿＿＿＿＿＿＿＿

まとめテスト　月　日 名前

まとめ ⑧

ひき算の　ひっ算

/50点

1 つぎの　計算は　どのような　まちがいを　して　いますか。記(き)ごうを　えらびましょう。（1つ10点／30点）

①

$$\begin{array}{r} 35 \\ -\ 17 \\ \hline 28 \end{array}$$

（　　　）

②

$$\begin{array}{r} 61 \\ -\ \ 8 \\ \hline 67 \end{array}$$

（　　　）

③

$$\begin{array}{r} \overset{3}{\not{4}}\overset{1}{9} \\ -\ 23 \\ \hline 16 \end{array}$$

（　　　）

㋐十のくらいがくり下がっていない　㋑くり下がりがないのにくり下がっている　㋒ひく数(かず)からひかれる数をひいている

2 色紙(いろがみ)を　わたしが　30まい、妹(いもうと)が　13まい　もっています。ちがいは　何まいですか。（10点）

しき

答え

3 あめが　23こ　あります。5こ　食(た)べました。のこりは　何こですか。（10点）

しき

答え

長さ ①

おぼえて　いるかな

どちらの　リボンが　長いですか。

わたしのリボンは、
えんぴつ４本分の
長さだよ。
りか

わたしのリボンは、
えんぴつ３本分の
長さだよ。

① （　　　　）さんの　リボンの　方が　長そう。

② くらべて　みましょう。

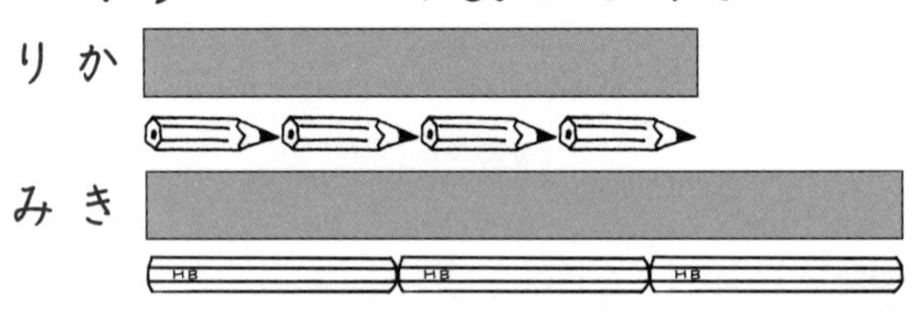

③ （　　　　）さんの　リボンの　方が　長い。

長さを　くらべる　ときに、ちがった　ものを　もとにすると、正しく　くらべる　ことが　できません。そこで、せかい中の　人が　つかう　長さの　たんいを　きめました。

├─┤ １cm(センチメートル) です。
cmは　長さの　たんいです。

月　　日 名前

長さ②

cm（センチメートル）

① cmの　かき方を　れんしゅうしましょう。

1cm 1cm 1cm 1cm 1cm

1cm 1cm 1cm 1cm 1cm

センチメートル センチメートル

② 線の　長さは　何cmですか。

① 0　1cm

（　　　　）

② 0　1cm

（　　　　）

③ 0　1cm

（　　　　）

③ 線の　長さを　ものさしで　はかりましょう。

①

（　　　　）

②

（　　　　）

③

（　　　　）

月　　日 名前

長さ③ mm（ミリメートル）

① 線の長さを　はかったら、5cmと　少し　ありました。

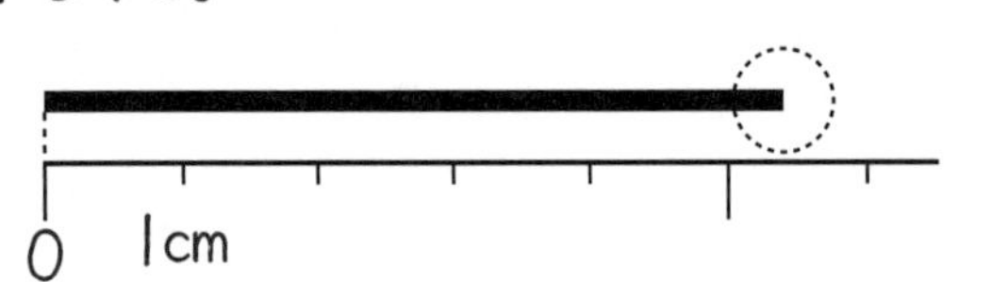

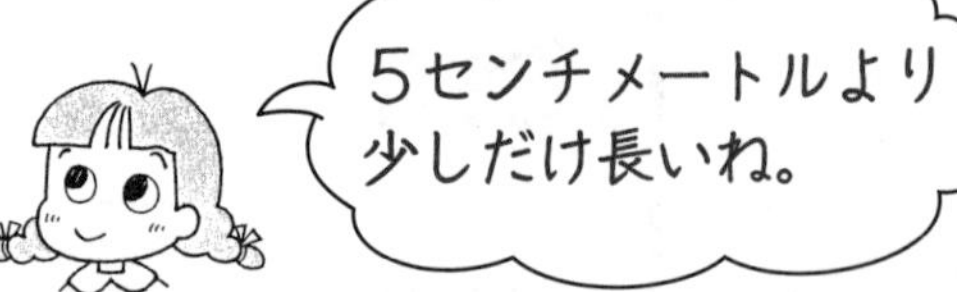

5センチメートルより
少しだけ長いね。

1cmを　同じ　長さに　10に　分けた　長さを　1mm（ミリメートル）と　いいます。mmも　長さの　たんいです。

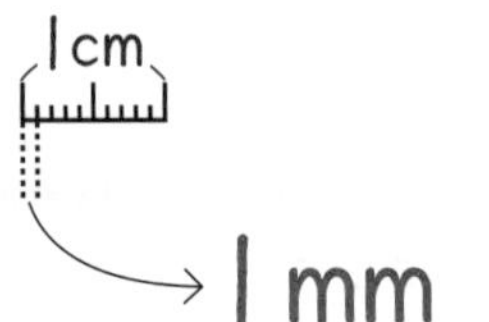

1cm＝10mm

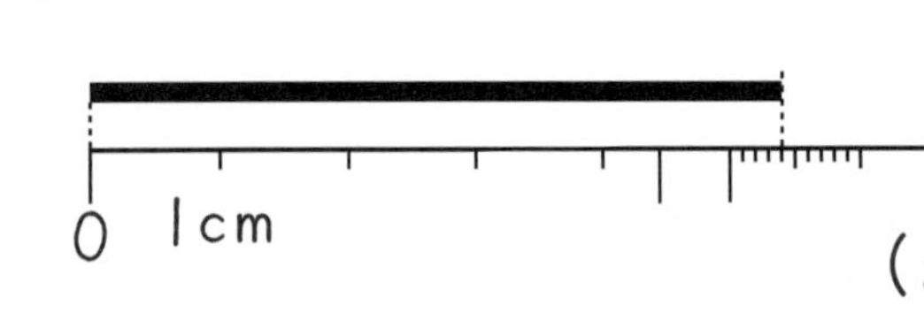

5cm 4mm
（5センチ4ミリ）

5センチメートル4ミリメートルはこう　読むこともあります。

② mmの　かき方を　れんしゅうしましょう。

1mm　1mm　1mm　1mm　1mm

1mm　1mm　1mm　1mm　1mm

③ 線の　長さを　はかりましょう。

①（　　　mm）　②（　　　mm）

長さ④
cm・mm

1 線の　長さは　何(なん)cm何mmですか。

①

0　1cm

(　　cm　　mm)

②

0　1cm

(　　cm　　mm)

③

0　1cm

(　　cm　　mm)

2 左の　はしから　①②③④の　長さは、どれだけですか。

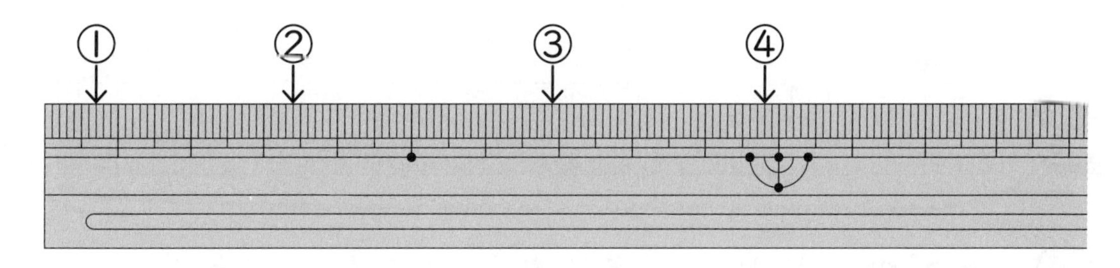

①　　　　　mm

②　　　cm　　mm

③　　　cm　　mm

④　　　cm　　mm

月　　日 名前

長さ⑤

直線を　ひく

5cmの　直線の　ひき方

① はじめの　点を　かく。

② はじめの　点に　ものさしの　はしを　合わせる。5cmの　ところに　点を　かく。

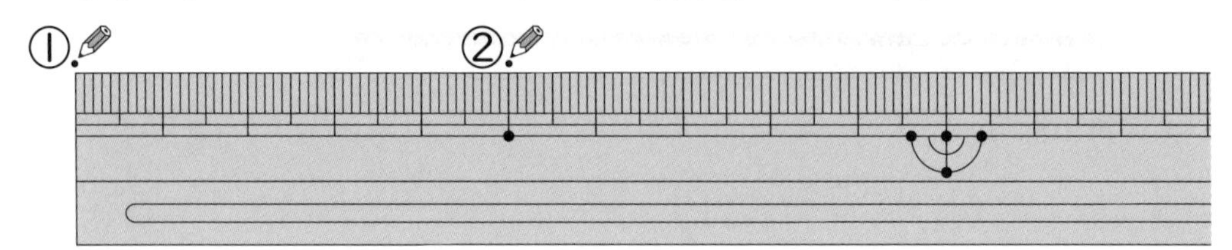

③ ものさしを　さかさに　して、点と　点の　間に　直線を　ひく。

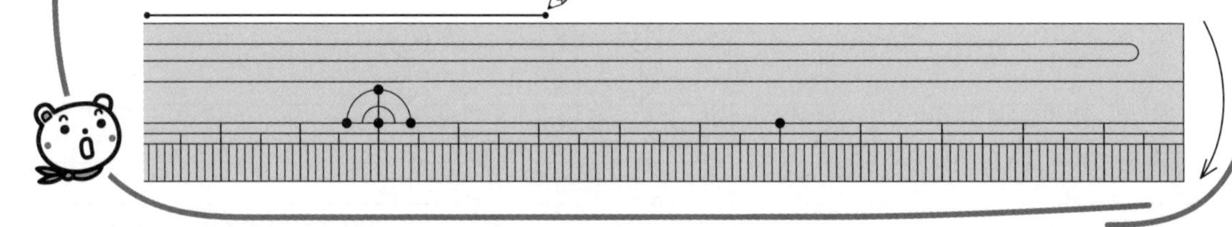

つぎの　長さの　直線を　ひきましょう。

① 4cm ・

② 6cm ・

③ 10cm ・

④ 9mm ・

⑤ 7mm ・

月　　日 名前

長さ⑥

直線を　ひく

つぎの　長さの　直線を　ひきましょう。

① 5cm 5mm

・

② 8cm 2mm

・

③ 10cm 7mm

・

④ 7cm 4mm

・

⑤ 6cm 8mm

・

⑥ 11cm 3mm

・

⑦ 12cm 1mm

・

月　　日 名前

長さ⑦

長さの 計算

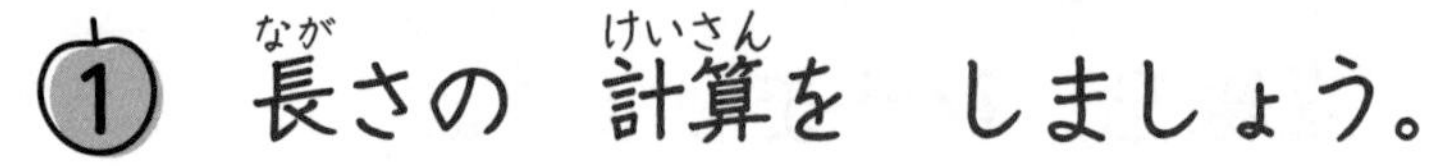

① 長さの　計算を　しましょう。

①

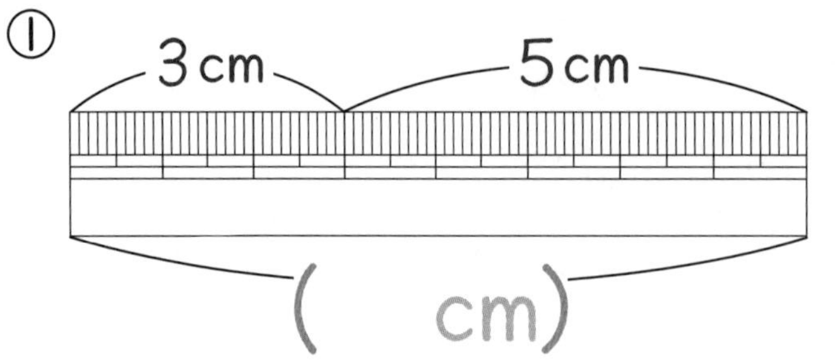

ひっ算

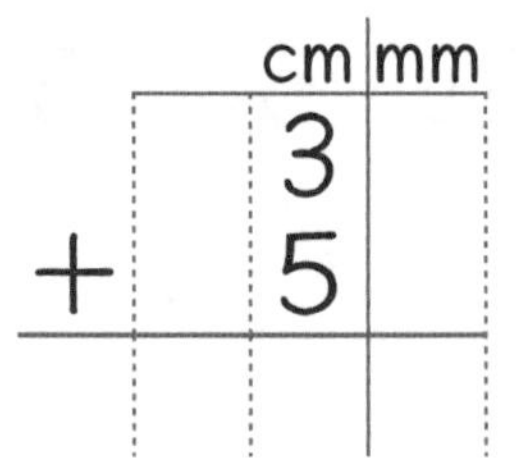

しき

3cm＋5cm＝(　　　cm)

②

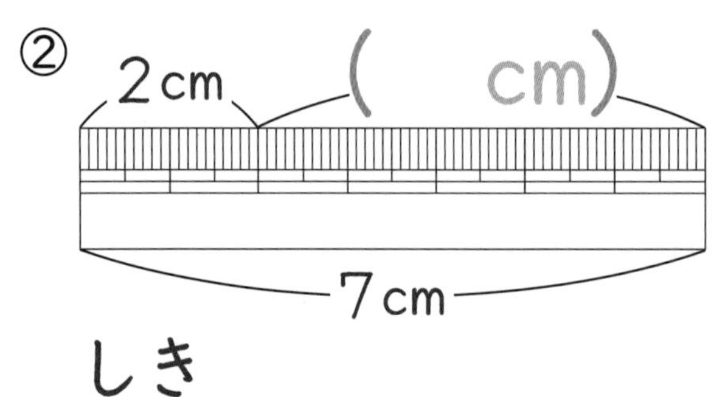

	cm	mm
	7	
－	2	

しき

7cm－2cm＝(　　　cm)

② つぎの　計算を　しましょう。

① 5cm＋4cm＝

② 3cm＋9cm＝

③ 8cm－4cm＝

④ 20cm－7cm＝

月　　日 名前

長さ⑧

長さの　計算

1 長さの　計算を　しましょう。

①

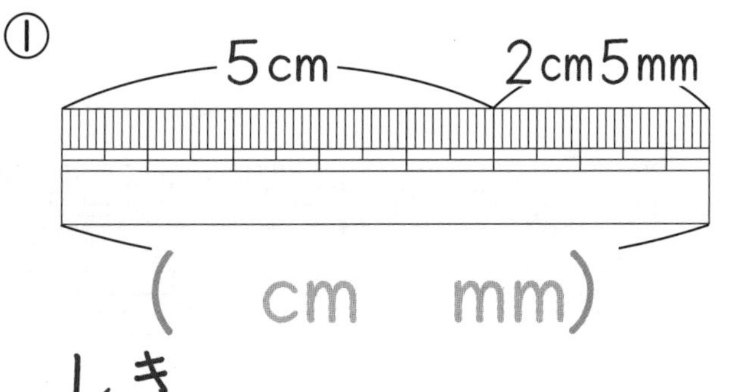

ひっ算

	cm	mm
	5	
＋	2	5

しき

5cm＋2cm 5mm＝(　cm　mm)

②

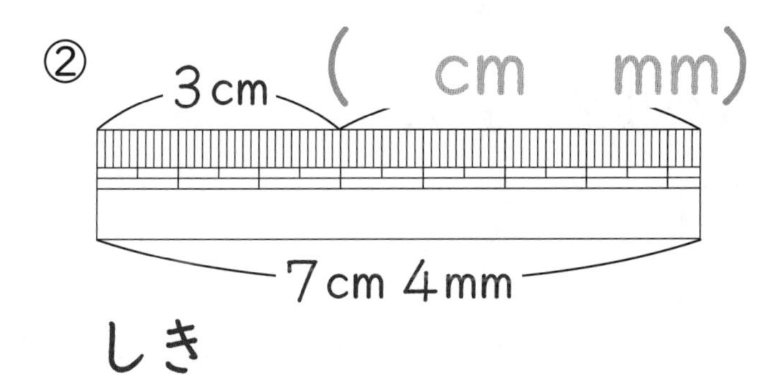

	cm	mm
	7	4
－	3	

しき

7cm 4mm－3cm＝(　cm　mm)

2 つぎの　計算を　しましょう。

① 6cm 5mm＋2mm＝

② 2cm 3mm＋6cm 4mm＝

③ 8cm 5mm－3mm＝

④ 6cm 7mm－5cm 2mm＝

まとめテスト　月　日 名前

まとめ ⑨

長さ

/50点

★ 1 左の　はしから　①～④の　長さを　かきましょう。

（1つ5点／20点）

①（　　　）　②（　　　）

③（　　　）　④（　　　）

★★ 2 線の　長さを　はかりましょう。

（1つ5点／15点）

①（　　　）

②（　　　）

③（　　　）

★ 3 □に　あてはまる　数を　かきましょう。（1つ5点／15点）

① 3cm ＝ □ mm

② 7cm 4mm ＝ □ mm

③ 86mm ＝ □ cm □ mm

まとめテスト

月　日 名前

まとめ ⑩

長さ

① （　）に あてはまる 長さの たんいを かきましょう。

（1つ5点／15点）

① ノートの あつさ　　5（　　）

② えんぴつの 長さ　　17（　　）

③ はがきの よこの 長さ　　10（　　）

② つぎの 計算（けいさん）を しましょう。

（1つ5点／35点）

① 3cm＋4cm＝

② 7cm＋6cm＝

③ 9cm−5cm＝

④ 10cm−2cm＝

⑤ 2cm 5mm＋4cm 3mm＝

⑥ 7cm 8mm−6cm 2mm＝

⑦ 5cm 9mm−3mm＝

1000までの　数 ①
数の　せいしつ

1 つぎの　数(かず)は　いくつですか。

①

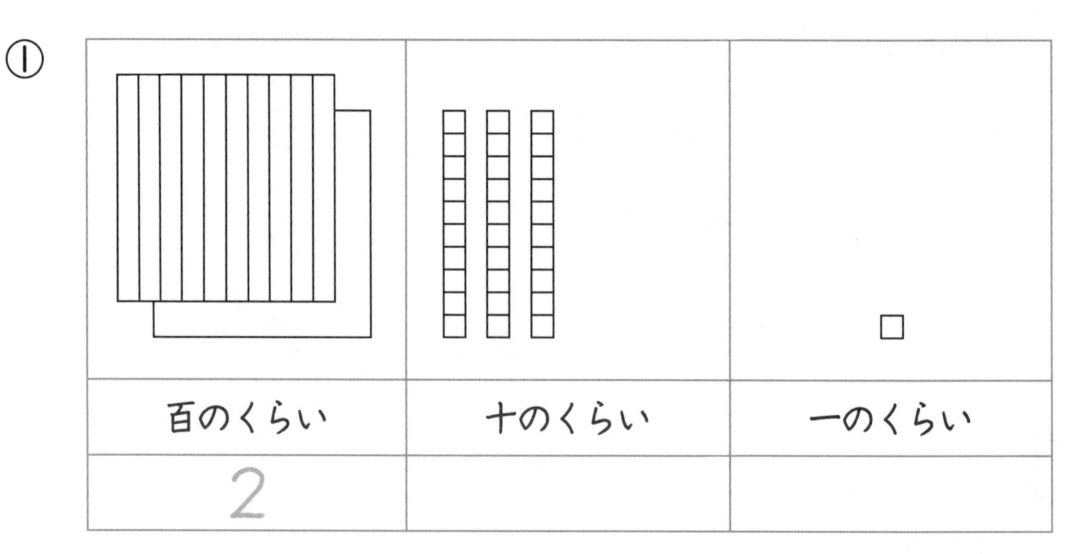

百のくらい	十のくらい	一のくらい
2		

②

100 100 100		1 1 1 1
百のくらい	十のくらい	一のくらい

③

100 100 100 100	10 10	1 1 1

2 つぎの　数を　かきましょう。

① 100を　5こと　10を　6こと
1を　2こ　合(あ)わせた　数。（　　　　　　）

② 100を　7こと　10を　3こ
合わせた　数。（　　　　　　）

月　　日 名前

1000までの　数 ②

数の　せいしつ

1 （　　）に　数を　かきましょう。

① 10を　32こ　あつめた　数。（　　　　　）

② 450は　10を（　　）こ　あつめた　数。

③ 1000は　100を（　　）こ　あつめた　数。

④ 499より　1　大きい　数。（　　　　　）

⑤ 1000より　1　小さい　数。（　　　　　）

2 □に　あてはまる　数を　かきましょう。

①

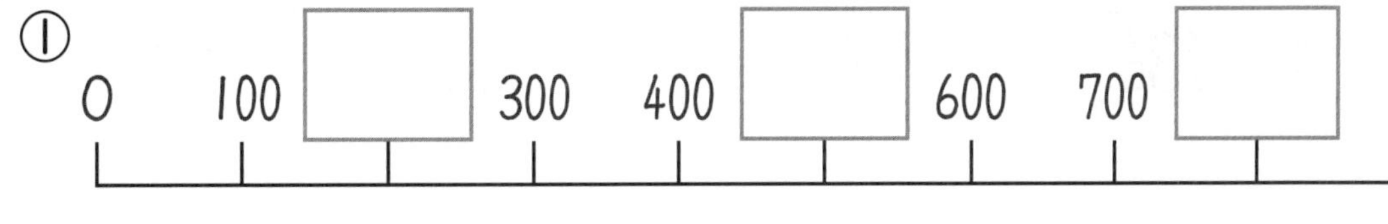

②

300　□　400　450　500　□　600　650

③

0　50　100　150　□　250　□　350　400

④

550　560　□　580　590　□　610　620

月　　日 名前

1000までの　数 ③

大小　かんけい

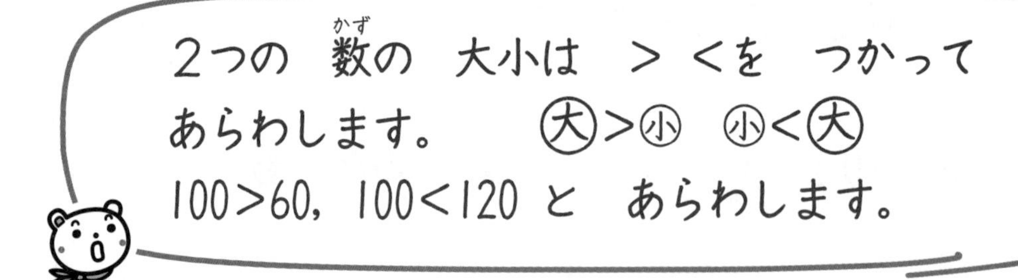

2つの　数(かず)の　大小は　＞ ＜を　つかって
あらわします。　㊇＞㊉　㊉＜㊇
100＞60，100＜120　と　あらわします。

1 数の　大きさを　くらべて　□に　＞ ＜を　かきましょう。

① 503 □ 530　　② 312 □ 321

③ 499 □ 598　　④ 889 □ 898

⑤ 736 □ 716　　⑥ 648 □ 639

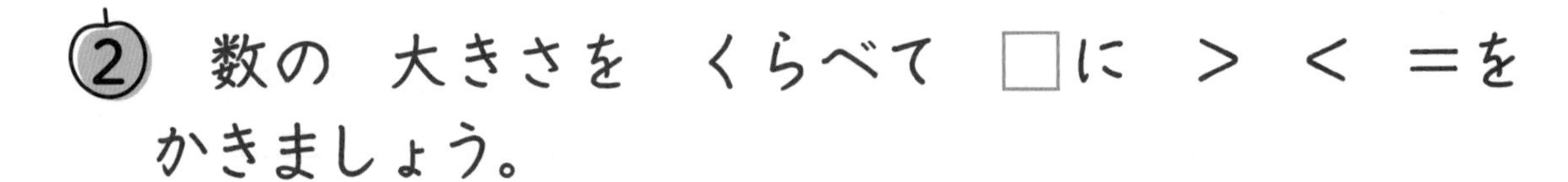

2 数の　大きさを　くらべて　□に　＞　＜　＝を　かきましょう。

① 240 □ 200＋60　　② 150 □ 200－80

③ 630 □ 600＋30　　④ 350 □ 500－100

⑤ 740 □ 700＋20　　⑥ 540 □ 600－60

1000までの　数 ④

大きい　数の　計算

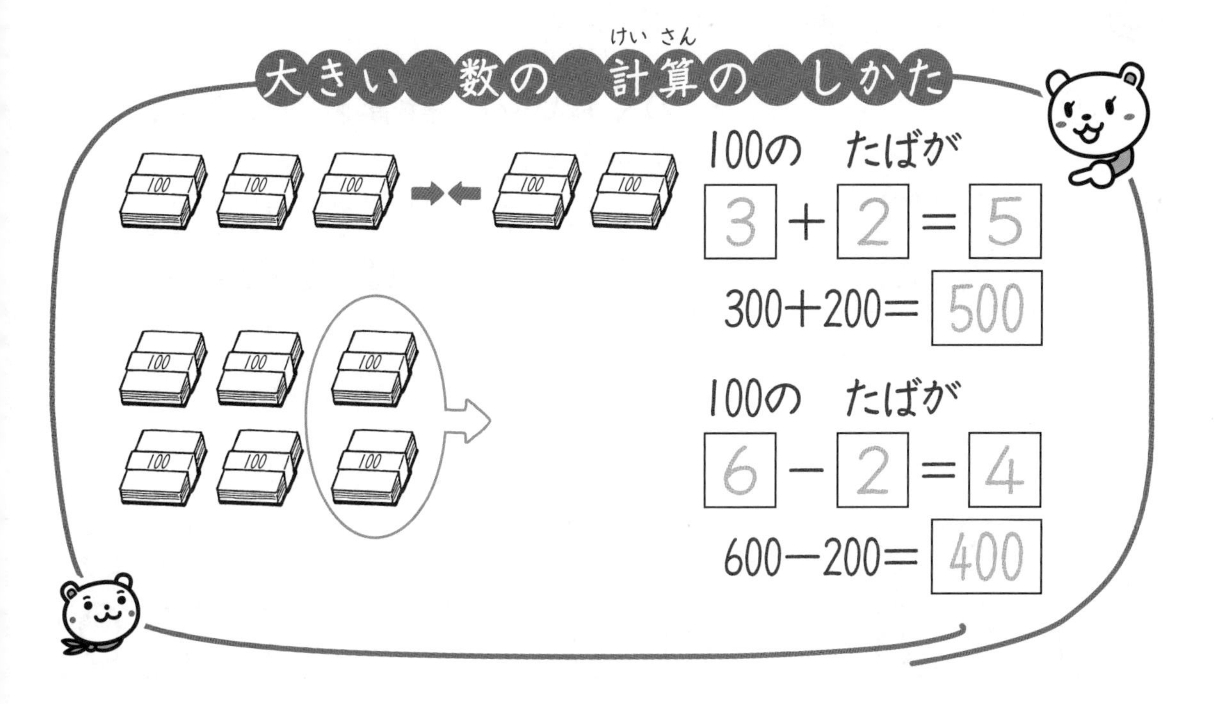

大きい　数の　計算の　しかた
けいさん
100
100の　たばが
3 ＋ 2 ＝ 5
300＋200＝ 500
100の　たばが
6 － 2 ＝ 4
600－200＝ 400

つぎの　計算を　しましょう。

① 50 ＋ 30 ＝　　② 80 ＋ 60 ＝

③ 70 － 40 ＝　　④ 120 － 50 ＝

⑤ 400 ＋ 500 ＝　　⑥ 200 ＋ 800 ＝

⑦ 500 － 200 ＝　　⑧ 1000 － 30 ＝

⑨ 300 ＋ 400 ＝　　⑩ 500 ＋ 500 ＝

⑪ 700 － 300 ＝　　⑫ 1000 － 40 ＝

月　日 名前

たし算の　ひっ算 ⑪

くり上がり　1回

つぎの　計算(けいさん)を　しましょう。

①

	2	4
＋	8	4
1	0	8

・ 一のくらいの　計算を　します。
　4＋4＝8
・ 十のくらいの　計算を　します。
　2＋8＝10　1は　百のくらいへ。

②

	3	2
＋	9	3

③

	3	6
＋	8	2

④

	4	8
＋	7	0

⑤

	5	8
＋	5	1

⑥

	6	2
＋	7	2

⑦

	7	2
＋	3	6

⑧

	8	1
＋	7	5

⑨

	6	7
＋	8	1

⑩

	8	4
＋	3	2

たし算の　ひっ算 ⑫

くり上がり　1回

つぎの　計算を　しましょう。

①
```
  11
+91
```

②
```
  23
+94
```

③
```
  65
+41
```

④
```
  33
+76
```

⑤
```
  52
+95
```

⑥
```
  86
+23
```

⑦
```
  57
+62
```

⑧
```
  43
+83
```

⑨
```
  61
+67
```

⑩
```
  46
+62
```

⑪
```
  75
+52
```

⑫
```
  85
+43
```

月　　日 名前

たし算の　ひっ算 ⑬
くり上がり　2回

つぎの　計算(けいさん)を　しましょう。

①

	3	5
+	8	9
1	2	4

・一のくらいの　計算を　します。
　5＋9＝14　1は　十のくらいへ。

・十のくらいの　計算を　します。
　3＋8＋1＝12
　くり上がった　1を　わすれずに。

②

	2	2
+	8	8

③

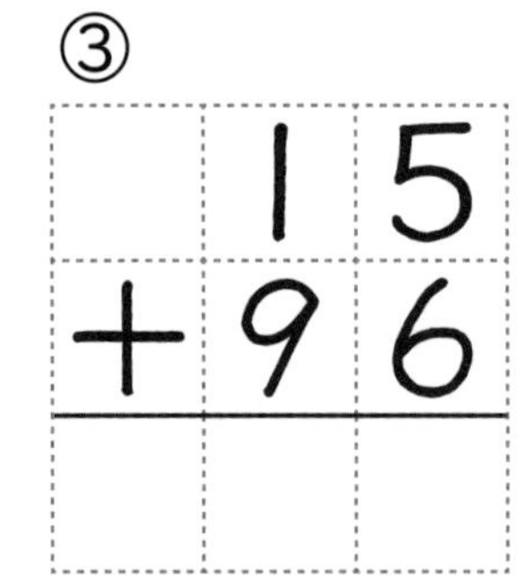

④

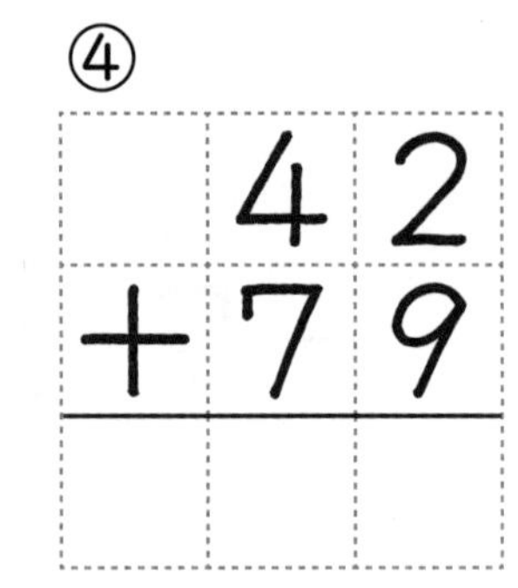

⑤

	6	5
+	6	5

⑥

	3	7
+	9	6

⑦

	5	3
+	7	7

⑧

	4	5
+	9	8

⑨

	6	9
+	9	4

⑩

	8	7
+	6	7

月　　日 名前

たし算の　ひっ算 ⑭

くり上がり　2回

つぎの　計算を　しましょう。

①
	9	8
＋	1	2

②
	8	4
＋	8	6

③
	9	9
＋	5	6

④
	6	9
＋	4	2

⑤
	7	9
＋	8	8

⑥
	7	7
＋	4	9

⑦
	8	9
＋	7	7

⑧
	6	6
＋	8	5

⑨
	7	4
＋	5	8

⑩
	6	8
＋	7	3

⑪
	8	8
＋	5	9

⑫
	9	7
＋	3	3

月　　日 名前

たし算の　ひっ算 ⑮

くりくり上がり

つぎの　計算(けいさん)を　しましょう。

①

	3	9
+	6	8
1	0	7

・一のくらいの　計算を　します。
　9＋8＝17　1は　十のくらいへ。

・十のくらいの　計算を　します。
　3＋6＋1＝10
　くり上がりの　1を　わすれずに。

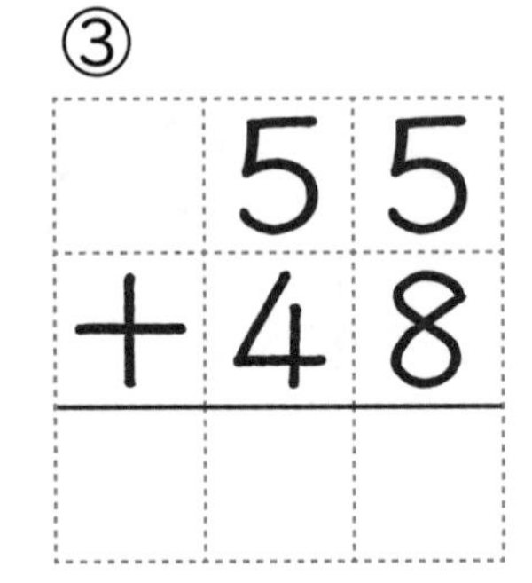

②

	2	1
+	7	9

③

	5	5
+	4	8

④

	3	5
+	6	7

⑤

	4	2
+	5	8

⑥

	2	4
+	7	8

⑦

	6	6
+	3	5

⑧

	7	5
+	2	6

⑨

	8	3
+	1	9

⑩

	7	8
+	2	7

月　　日 名前

たし算の　ひっ算 ⑯

くりくり上がり

つぎの　計算を　しましょう。

①

	9	4
＋		8
1	0	2

②

	9	7
＋		6

③

	9	5
＋		8

④

	9	6
＋		7

⑤

	9	8
＋		5

⑥

	9	9
＋		2

⑦

	9	7
＋		4

⑧

	9	8
＋		3

⑨

	9	6
＋		6

⑩

	9	3
＋		9

⑪

	9	2
＋		8

⑫

	9	5
＋		5

月　　日 名前

たし算の　ひっ算 ⑰

いろいろな　計算

1 つぎの　計算(けいさん)を　しましょう。

①

	3	1	2
＋		6	4

②

	5	6	6
＋		3	2

③

	6	2	1
＋		4	3

④

	4	7	5
＋		2	2

⑤

	7	0	8
＋		3	1

⑥

	8	4	6
＋			3

2 1年生の　人数(にんずう)は　86人、　2年生の　人数は　95人です。合(あ)わせて　何人(なんにん)ですか。

しき

答(こた)え ＿＿＿＿＿＿

3 きのうまでに　本を　215ページ　読(よ)みました。

きょうは　34ページ　読みました。合わせて　何ページ　読みましたか。

しき

答え ＿＿＿＿＿＿

月　　日 名前

たし算の　ひっ算 ⑱

いろいろな　計算

1 つぎの　計算を　しましょう。

①

	2	1	2
+		1	8

②

	3	1	5
+		4	7

③

	4	6	5
+		2	6

④

	5	3	2
+			9

⑤

	6	5	3
+			8

⑥

	7	4	1
+			9

2 76円の　チョコレートと　58円の　ガムを　買(か)い　ました。だい金は　いくらに　なりますか。

しき

答え

3 348円の　おべんとうと　49円の　お茶(ちゃ)を　買いました。合わせて　何円ですか。

しき

答え

まとめテスト

月　日 名前

まとめ ⑪

たし算の　ひっ算

① つぎの　計算(けいさん)を　しましょう。

（1つ5点／30点）

①

	5	3
＋	6	4

②

	7	9
＋	4	5

③

	8	6
＋	1	7

④

	9	8
＋		5

⑤

	2	3	4
＋		5	1

⑥

	6	3	7
＋		2	5

② 88円の　スナックがしと　36円の　あめを　買(か)いました。合(あ)わせて　何円(なんえん)ですか。

（10点）

しき

答(こた)え

③ どんぐりを　わたしが　55こ、妹(いもうと)が　48こ　ひろいました。合わせて　何こ　ひろいましたか。

（10点）

しき

答え

まとめテスト　　月　　日 名前

まとめ ⑫

たし算の　ひっ算

／50点

1 つぎの　計算の　答えが　正しければ　○を、まちがって　いれば　正しい　答えを　かきましょう。（1つ5点／15点）

①
$$\begin{array}{r} 68 \\ +\ 73 \\ \hline 131 \end{array}$$
（　　　）

②
$$\begin{array}{r} 25 \\ +\ 79 \\ \hline 94 \end{array}$$
（　　　）

③
$$\begin{array}{r} 97 \\ +\ \ 6 \\ \hline 103 \end{array}$$
（　　　）

2 つぎの　計算を　しましょう。（1つ5点／15点）

①
$$\begin{array}{r} 59 \\ +\ 67 \\ \hline \end{array}$$

②
$$\begin{array}{r} 45 \\ +\ 58 \\ \hline \end{array}$$

③
$$\begin{array}{r} 308 \\ +\ \ \ 9 \\ \hline \end{array}$$

3 赤い　色紙（いろがみ）が　55まい、青い　色紙が　65まい　あります。合わせて　何まいですか。（10点）

しき

答え

4 メダルを　きのう　64こ、きょう　57こ　作（つく）りました。ぜんぶで　何こ　作りましたか。（10点）

しき

答え

月　　日 名前

ひき算の　ひっ算 ⑪

くり下がり　1回

つぎの　計算(けいさん)を　しましょう。

①

	1	4	8
−		5	4
		9	4

・一のくらいの　計算を　します。
　8−4＝4
・十のくらいの　計算を　します。
　4−5は　できません。
　百のくらいを　くずして
　14−5＝9

②

	1	7	7
−		9	2

③

	1	1	2
−		2	1

④

	1	2	4
−		6	1

⑤

	1	3	3
−		5	2

⑥

	1	8	3
−		9	1

⑦

	1	1	8
−		3	2

⑧

	1	2	7
−		7	3

⑨

	1	4	5
−		7	5

⑩

	1	5	4
−		6	4

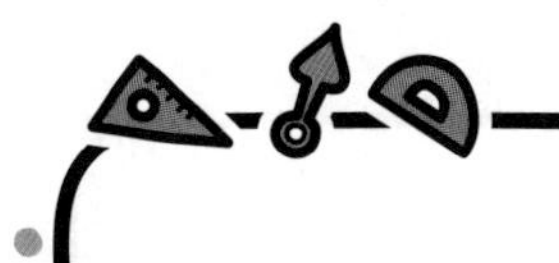

月　　日 名前

ひき算の　ひっ算 ⑫

くり下がり　1回

つぎの　計算を　しましょう。

① $104 - 12 =$

② $105 - 31 =$

③ $109 - 75 =$

④ $101 - 41 =$

⑤ $106 - 52 =$

⑥ $103 - 83 =$

⑦ $105 - 25 =$

⑧ $102 - 52 =$

⑨ $107 - 81 =$

⑩ $106 - 95 =$

⑪ $108 - 90 =$

⑫ $105 - 95 =$

月　　日 名前

ひき算の　ひっ算 ⑬

くり下がり　２回

つぎの　計算(けいさん)を　しましょう。

①

	1	2	3
−		6	7
		5	6

・　一のくらいから　計算します。3−7は　できません。十のくらいを　くずします。13−7＝6

・　十のくらいの　計算を　します。1−6は　できません。百のくらいを　くずして　11−6＝5

②

	1	4	2
−		4	4

③

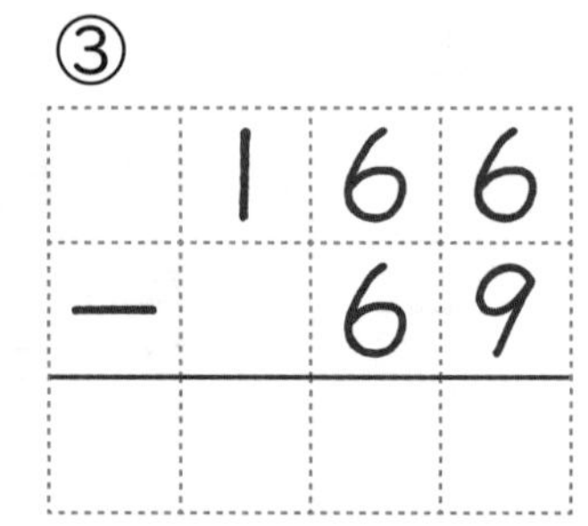

	1	6	6
−		6	9

④

	1	3	7
−		5	8

⑤

	1	5	0
−		5	4

⑥

	1	3	1
−		8	4

⑦

	1	5	5
−		7	9

⑧

	1	7	4
−		8	8

⑨

	1	8	0
−		9	9

⑩

	1	4	3
−		5	8

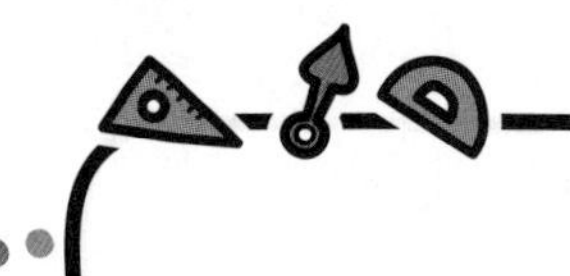

月　日 名前

ひき算の　ひっ算 ⑭

くり下がり　2回

つぎの　計算を　しましょう。

①

	1	2	3
−		3	5

②

	1	5	2
−		6	3

③

	1	1	0
−		1	9

④

	1	4	8
−		7	9

⑤

	1	6	0
−		8	3

⑥

	1	2	0
−		2	2

⑦

	1	7	3
−		9	8

⑧

	1	6	2
−		7	6

⑨

	1	1	1
−		7	5

⑩

	1	2	5
−		4	8

⑪

	1	3	4
−		5	9

⑫

	1	7	0
−		8	5

月　　日 名前

ひき算の　ひっ算 ⑮

くりくり下がり

つぎの　計算(けいさん)を　しましょう。

①

	1	0	0
−		3	5
		6	5

・　一のくらいから　計算します。0−5は　できません。十のくらいも　くずせません。百のくらいを　くずします。10−5＝5

・　十のくらいを　計算します。（十のくらいは　9に　なって　いる）　9−3＝6

②

	1	0	1
−		4	6

③

	1	0	4
−		6	6

④

	1	0	7
−		5	9

⑤

	1	0	5
−		4	7

⑥

	1	0	2
−		3	8

⑦

	1	0	6
−		2	8

⑧

	1	0	3
−		5	4

⑨

	1	0	4
−		8	9

⑩

	1	0	8
−		7	9

月　　日 名前

ひき算の　ひっ算 ⑯

くりくり下がり

つぎの　計算を　しましょう。

①
	1	0	3
−			6

②
	1	0	4
−			9

③
	1	0	2
−			7

④
	1	0	5
−			8

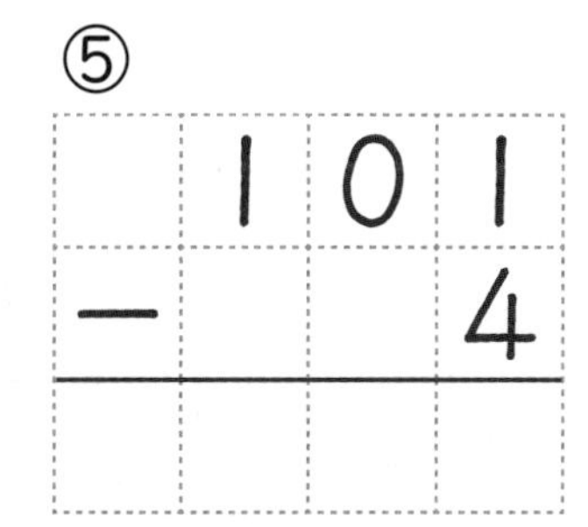

⑤
	1	0	1
−			4

⑥
	1	0	7
−			8

⑦
	1	0	8
−			9

⑧
	1	0	4
−			8

⑨
	1	0	0
−			5

⑩
	1	0	2
−			3

⑪
	1	0	6
−			7

⑫
	1	0	5
−			9

月　　日 名前

ひき算の　ひっ算 ⑰

いろいろな　計算

1 つぎの　計算(けいさん)を　しましょう。

①

	7	6	6
−		3	4

②

	6	8	5
−		5	2

③

	5	6	7
−		2	5

④

	4	7	4
−		2	2

⑤

	3	9	7
−			3

⑥

	8	5	3
−		1	0

2 学校の　1年生の　人数(にんずう)は　103人、2年生の　人数は　89人です。ちがいは　何(なん)人ですか。

しき

答(こた)え

3 758円の　おこずかいから　45円　つかいました。おこずかいは　何円　のこっていますか。

しき

答え

ひき算の　ひっ算 ⑱

いろいろな　計算

1 つぎの　計算を　しましょう。

①

	8	7	0
−		1	6

②

	6	8	5
−		3	7

③

	9	6	7
−		2	8

④

	5	9	3
−		6	6

⑤

	4	2	4
−		2	4

⑥

	3	7	2
−		7	2

2 色紙(いろがみ)が　104まい　あります。15まい　つかいました。のこりは　何まいですか。

しき

答え

3 メダルを　250こ　作(つく)りました。32こ　くばると　のこりは　何こですか。

しき

答え

まとめテスト　　月　　日 名前

まとめ ⑬

ひき算の　ひっ算

／50点

① つぎの　計算(けいさん)を　しましょう。

（1つ5点／30点）

①

	1	3	5
−		4	7

②

	1	0	8
−		3	2

③

	1	6	2
−		6	9

④

	1	0	5
−		2	8

⑤

	4	9	5
−		5	4

⑥

	3	8	6
−		3	7

② 赤い　玉と　白い　玉が　合(あ)わせて　103こ　あります。赤い　玉は　57こです。白い　玉は　何(なん)こですか。

（10点）

しき

答(こた)え

③ 150ページ　ある　本を　42ページまで　読(よ)みました。のこりは　何ページですか。

（10点）

しき

答え

まとめテスト

月　日 名前

まとめ ⑭

ひき算の　ひっ算

/50点

1 つぎの　計算は　どのような　まちがいを　して　いますか。記(き)ごうで　答えましょう。（1つ10点／30点）

① $\begin{array}{r} 107 \\ -\quad 4 \\ \hline 93 \end{array}$　（　　）

② $\begin{array}{r} 152 \\ -\quad 68 \\ \hline 94 \end{array}$　（　　）

③ $\begin{array}{r} 612 \\ -\quad 79 \\ \hline 667 \end{array}$　（　　）

㋐くり下がりがないのにくり下がっている　㋑ひく数(かず)からひかれる数をひいている　㋒くり下がりをしていない

2 120まいの　色紙(いろがみ)から　35まい　つかうと　のこりは　何まいですか。（10点）

しき

答え

3 248円の　ケーキと　89円の　クッキーが　あります。ねだんの　ちがいは　何円ですか。（10点）

しき

答え

月　　日 名前

かけ算九九 ①

かけ算とは

① ボートには、何人（なんにん） のって いますか。

・１そうに <u>３人ずつ</u> のって います。

・ボートは <u>４そう</u> あります。

３人ずつ　　４そう分（ぶん）で　　12人です。

$$3 \times 4 = 12$$

１あたりの数（かず）　かける　いくつ分

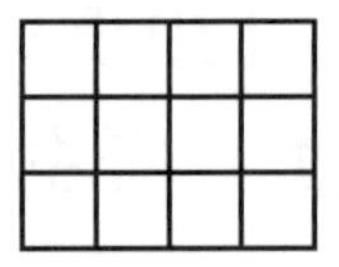

このような 計算（けいさん）を かけ算（ざん）と いいます。

② ぜんぶの 数を 計算する しきを かきましょう。

みかんの 数

①

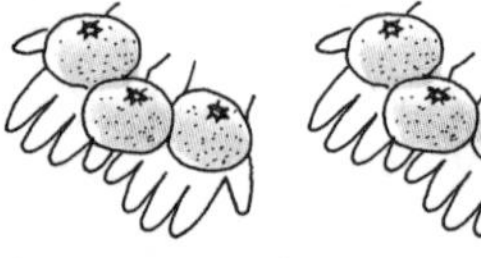

3 ×

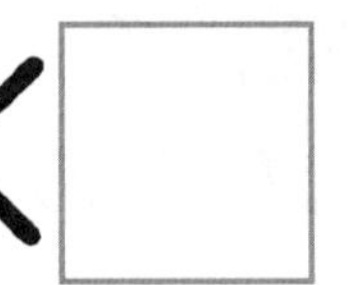

あめの 数

②

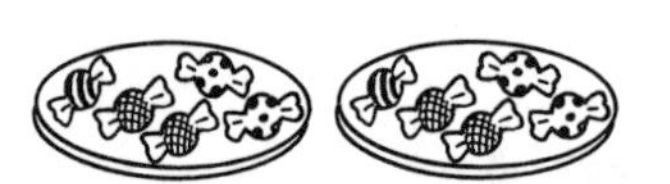

月　　日 名前

かけ算九九 ②

かけ算とは

かけ算の　しきを　かきましょう。

① 耳は　いくつ？

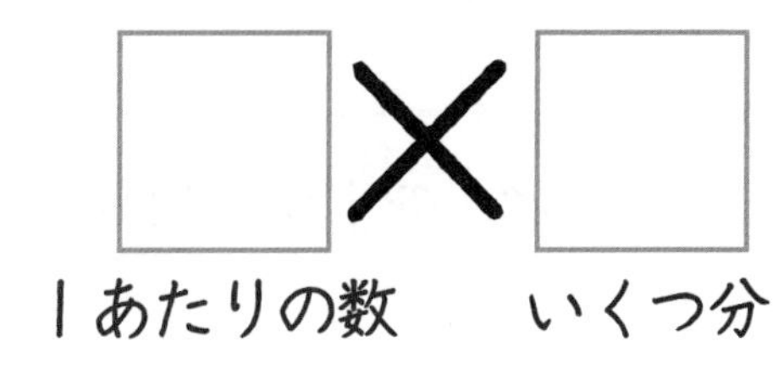

② 花びらは　何まい？

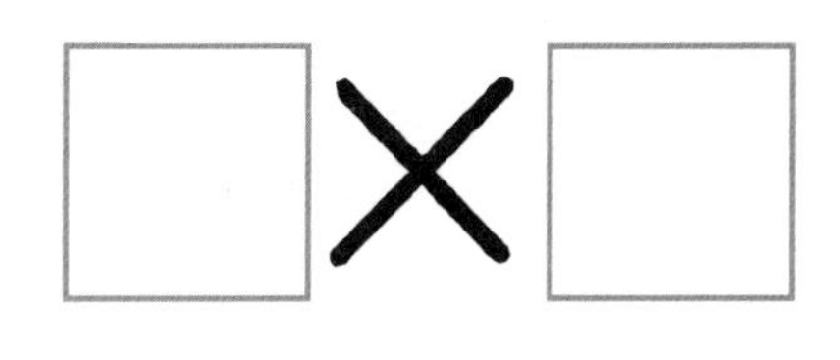

③ 足は　何本？

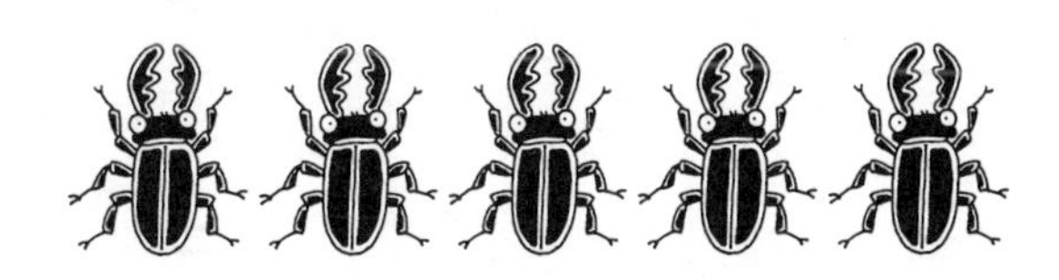

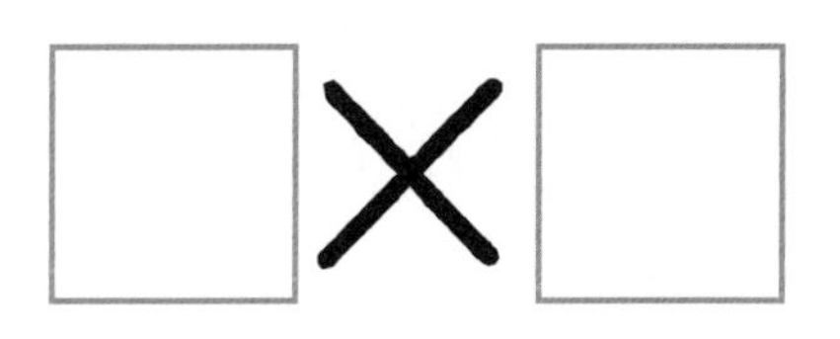

④ いちごは　いくつ？

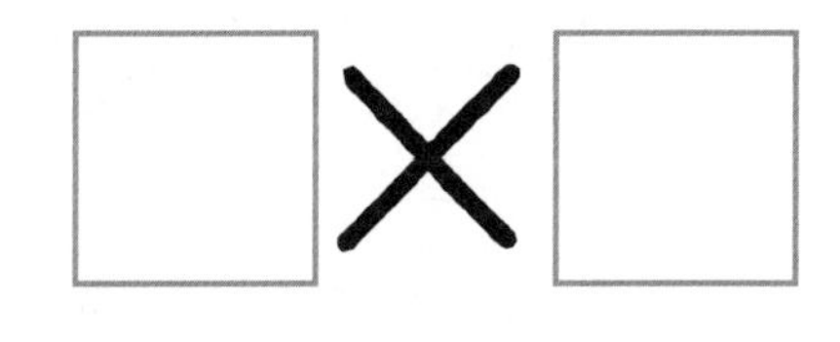

⑤ どらやきは　いくつ？

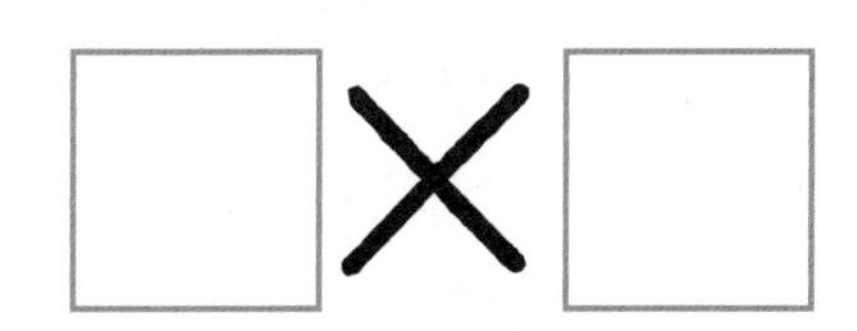

月　　日 名前

かけ算九九 ③

5のだん

5のだんの　かけ算(ざん)を　かきましょう。

さくらの　花1つ　花びらは　5まい	1あたりの数(かず)	いくつ分(ぶん)	ぜんぶの数
✿	ご □ ×	いち が □ =	ご □
✿✿	ご □ ×	に □ =	じゅう □
✿✿✿	ご □ ×	さん □ =	じゅうご □
✿✿✿✿	ご □ ×	し □ =	にじゅう □
✿✿✿✿✿	ご □ ×	ご □ =	にじゅうご □
✿✿✿✿✿✿	ご □ ×	ろく □ =	さんじゅう □
✿✿✿✿✿✿✿	ご □ ×	しち □ =	さんじゅうご □
✿✿✿✿✿✿✿✿	ご □ ×	は □ =	しじゅう □
✿✿✿✿✿✿✿✿✿	ごっ □ ×	く □ =	しじゅうご □

月　　日 名前

かけ算九九 ④

5のだん

1 つぎの　計算(けいさん)を　しましょう。

① $5 \times 8 =$　　② $5 \times 6 =$

③ $5 \times 4 =$　　④ $5 \times 2 =$

⑤ $5 \times 9 =$　　⑥ $5 \times 7 =$

⑦ $5 \times 1 =$　　⑧ $5 \times 3 =$

⑨ $5 \times 5 =$

2 あめが　1ふくろに　5こ　入って　います。
8ふくろでは　あめは　何(なん)こに　なりますか。

しき

答(こた)え

3 3まいの　おさらに　クッキーが　5まいずつ
のって　います。クッキーは　ぜんぶで　何まい
ありますか。

しき

答え

月　　日 名前

かけ算九九 ⑤
2のだん

2のだんの　かけ算を　かきましょう。

さくらんぼ　1ふさに　2こ	1あたりの数		いくつ分		ぜんぶの数
	に □	×	いち □	が =	に □
	に □	×	にん □	が =	し □
	に □	×	さん □	が =	ろく □
	に □	×	し □	が =	はち □
	に □	×	ご □	=	じゅう □
	に □	×	ろく □	=	じゅうに □
	に □	×	しち □	=	じゅうし □
	に □	×	はち □	=	じゅうろく □
	に □	×	く □	=	じゅうはち □

月　　日 名前

かけ算九九 ⑥

2のだん

1 つぎの 計算(けいさん)を しましょう。

① 2×3＝　　② 2×6＝

③ 2×8＝　　④ 2×4＝

⑤ 2×1＝　　⑥ 2×9＝

⑦ 2×7＝　　⑧ 2×5＝

⑨ 2×2＝

2 1さらに おすしが 2かん あります。3さらでは おすしは 何(なん)かん ありますか。

しき

答(こた)え

3 6人が 2つずつ いちごを 食(た)べました。
ぜんぶで 何こ 食べましたか。

しき

答え

月　　日 名前

かけ算九九 ⑦
3のだん

3のだんの　かけ算(ざん)を　かきましょう。

クローバー　くき　1本　はっぱは　3まい	1あたりの数(かず)		いくつ分(ぶん)		ぜんぶの数
☘	さん □	×	いち □	= が	さん □
☘☘	さん □	×	に □	= が	ろく □
☘☘☘	さ □	×	ざん □	= が	く □
☘☘☘☘	さん □	×	し □	=	じゅうに □
☘☘☘☘☘	さん □	×	ご □	=	じゅうご □
☘☘☘☘☘☘	さぶ □	×	ろく □	=	じゅうはち □
☘☘☘☘☘☘☘	さん □	×	しち □	=	にじゅういち □
☘☘☘☘☘☘☘☘	さん □	×	ぱ □	=	にじゅうし □
☘☘☘☘☘☘☘☘☘	さん □	×	く □	=	にじゅうしち □

月　　日 名前

かけ算九九 ⑧

3のだん

1 つぎの 計算(けいさん)を しましょう。

① 3×6＝　　② 3×2＝

③ 3×5＝　　④ 3×7＝

⑤ 3×1＝　　⑥ 3×8＝

⑦ 3×4＝　　⑧ 3×3＝

⑨ 3×9＝

2 1本に だんごが 3こ ついて います。
6本では だんごは 何(なん)こ ありますか。

しき

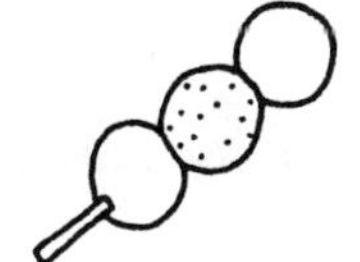

答(こた)え

3 9人に 3まいずつ 画用紙(がようし)を くばります。
画用紙は 何まい いりますか。

しき

答え

かけ算九九 ⑨

4のだん

4のだんの　かけ算(ざん)を　かきましょう。

車　1台(だい)　タイヤは　4つ	1あたりの数(かず)		いくつ分(ぶん)		ぜんぶの数
	し □	×	いち □	が =	し □
	し □	×	に □	が =	はち □
	し □	×	さん □	=	じゅうに □
	し □	×	し □	=	じゅうろく □
	し □	×	ご □	=	にじゅう □
	し □	×	ろく □	=	にじゅうし □
	し □	×	しち □	=	にじゅうはち □
	し □	×	は □	=	さんじゅうに □
	し □	×	く □	=	さんじゅうろく □

月　　日 名前

かけ算九九 ⑩

4のだん

1 つぎの 計算(けいさん)を しましょう。

① $4 \times 3 =$　　② $4 \times 1 =$

③ $4 \times 7 =$　　④ $4 \times 5 =$

⑤ $4 \times 2 =$　　⑥ $4 \times 9 =$

⑦ $4 \times 6 =$　　⑧ $4 \times 4 =$

⑨ $4 \times 8 =$

2 4人の はんが 7つ あります。
みんなで 何人(なんにん) いますか。

しき

答(こた)え

3 3台の 車に 4人ずつ のります。
ぜんぶで 何人が 車に のれますか。

しき

答え

月　　日 名前

かけ算九九 ⑪

6のだん

6のだんの　かけ算(ざん)を　かきましょう。

1ケースに　ジュース　6本	1あたりの数(かず)	いくつ分(ぶん)	ぜんぶの数
	ろく □ ×	いち が □ =	ろく □
	ろく □ ×	に □ =	じゅうに □
	ろく □ ×	さん □ =	じゅうはち □
	ろく □ ×	し □ =	にじゅうし □
	ろく □ ×	ご □ =	さんじゅう □
	ろく □ ×	ろく □ =	さんじゅうろく □
	ろく □ ×	しち □ =	しじゅうに □
	ろく □ ×	は □ =	しじゅうはち □
	ろっ □ ×	く □ =	ごじゅうし □

月　　日　名前

かけ算九九 ⑫

6のだん

1 つぎの　計算を　しましょう。

① $6 \times 6 =$　　② $6 \times 4 =$

③ $6 \times 1 =$　　④ $6 \times 9 =$

⑤ $6 \times 8 =$　　⑥ $6 \times 2 =$

⑦ $6 \times 7 =$　　⑧ $6 \times 5 =$

⑨ $6 \times 3 =$

2 トランプを　6まいずつ　4人に　くばります。
トランプは　何まい　いりますか。

しき

答え

3 8人が　6まいずつ　色紙を　もって　います。
色紙は　ぜんぶで　何まい　ありますか。

しき

答え

月　　日 名前

かけ算九九 ⑬

7のだん

7のだんの　かけ算(ざん)を　かきましょう。

てんとう虫　1ぴき　ほしは　7つ	1あたりの数(かず)	いくつ分(ぶん)	ぜんぶの数
🐞	しち □	× いち □	が ＝ しち □
🐞🐞	しち □	× に □	＝ じゅうし □
🐞🐞🐞	しち □	× さん □	＝ にじゅういち □
🐞🐞🐞🐞	しち □	× し □	＝ にじゅうはち □
🐞🐞🐞🐞🐞	しち □	× ご □	＝ さんじゅうご □
🐞🐞🐞🐞🐞🐞	しち □	× ろく □	＝ しじゅうに □
🐞🐞🐞🐞🐞🐞🐞	しち □	× しち □	＝ しじゅうく □
🐞🐞🐞🐞🐞🐞🐞🐞	しち □	× は □	＝ ごじゅうろく □
🐞🐞🐞🐞🐞🐞🐞🐞🐞	しち □	× く □	＝ ろくじゅうさん □

月　　日 名前

かけ算九九 ⑭

7のだん

1 つぎの 計算(けいさん)を しましょう。

① 7×5＝　　② 7×2＝

③ 7×4＝　　④ 7×8＝

⑤ 7×7＝　　⑥ 7×3＝

⑦ 7×6＝　　⑧ 7×9＝

⑨ 7×1＝

2 1日に 7こずつ たまごを つかいます。
5日間(かかん)に たまごを 何(なん)こ つかいますか。

しき

答(こた)え

3 3週間(しゅうかん)は 何日ですか。
1週間は 7日です。

しき

答え

月　日 名前

かけ算九九 ⑮

8のだん

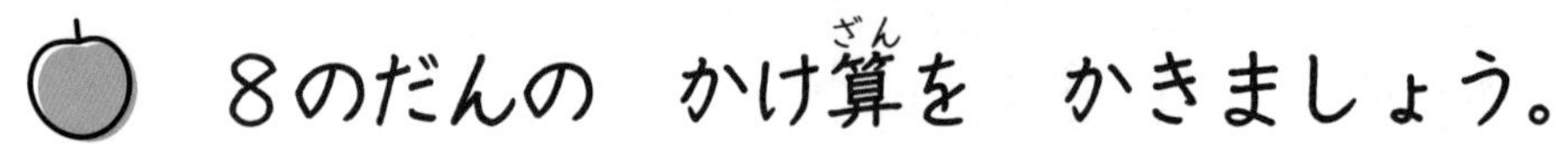

8のだんの　かけ算(ざん)を　かきましょう。

タコ　1ぴき　足は　8本	1あたりの数(かず)		いくつ分(ぶん)		ぜんぶの数
	はち □	×	いち □	が ＝	はち □
	はち □	×	に □	＝	じゅうろく □
	はち □	×	さん □	＝	にじゅうし □
	はち □	×	し □	＝	さんじゅうに □
	はち □	×	ご □	＝	しじゅう □
	はち □	×	ろく □	＝	しじゅうはち □
	はち □	×	しち □	＝	ごじゅうろく □
	はっ □	×	ぱ □	＝	ろくじゅうし □
	はっ □	×	く □	＝	しちじゅうに □

月　　日 名前

かけ算九九 ⑯

8のだん

1 つぎの 計算(けいさん)を しましょう。

① 8×1＝　　② 8×4＝

③ 8×6＝　　④ 8×2＝

⑤ 8×9＝　　⑥ 8×5＝

⑦ 8×3＝　　⑧ 8×8＝

⑨ 8×7＝

2 あめが 8こ 入った ふくろが 9ふくろ ありますあ。あめは ぜんぶで 何(なん)こ ありますか。

しき

答(こた)え

3 4人で 8こずつ たこやきを 食(た)べました。
ぜんぶで たこやきを 何こ 食べましたか。

しき

答え

月　　日 名前

かけ算九九 ⑰

9のだん

9のだんの　かけ算(ざん)を　かきましょう。

ふうせん　1たば　9こ	1あたりの数(かず)		いくつ分(ぶん)		ぜんぶの数
(1たば)	く □	×	いち □	=	が く □
(2たば)	く □	×	に □	=	じゅうはち □
(3たば)	く □	×	さん □	=	にじゅうしち □
(4たば)	く □	×	し □	=	さんじゅうろく □
(5たば)	く □	×	ご □	=	しじゅうご □
(6たば)	く □	×	ろく □	=	ごじゅうし □
(7たば)	く □	×	しち □	=	ろくじゅうさん □
(8たば)	く □	×	は □	=	しちじゅうに □
(9たば)	く □	×	く □	=	はちじゅういち □

月　　日 名前

かけ算九九 ⑱

9のだん

1 つぎの　計算（けいさん）を　しましょう。

① 9×7＝　　② 9×3＝

③ 9×5＝　　④ 9×1＝

⑤ 9×4＝　　⑥ 9×9＝

⑦ 9×8＝　　⑧ 9×6＝

⑨ 9×2＝

2 9まい入りの　ガムが　3つ　あります。
ガムは　ぜんぶで　何（なん）まい　ありますか。

しき

答（こた）え ＿＿＿＿＿＿＿＿

3 5人に　9まいずつ　色紙（いろがみ）を　くばります。
色紙は　ぜんぶで　何まいですか。

しき

答え ＿＿＿＿＿＿＿＿

かけ算九九 ⑲

1のだん

1のだんの　かけ算（ざん）を　かきましょう。

おにぎり　1つに　うめぼし　1こ	1あたりの数（かず）		いくつ分（ぶん）		ぜんぶの数
	いん	×	いち	が =	いち
	いん	×	に	が =	に
	いん	×	さん	が =	さん
	いん	×	し	が =	し
	いん	×	ご	が =	ご
	いん	×	ろく	が =	ろく
	いん	×	しち	が =	しち
	いん	×	はち	が =	はち
	いん	×	く	が =	く

かけ算九九 ⑳

１のだん

1 つぎの　計算(けいさん)を　しましょう。

① $1 \times 3 =$　　② $1 \times 1 =$

③ $1 \times 7 =$　　④ $1 \times 4 =$

⑤ $1 \times 2 =$　　⑥ $1 \times 9 =$

⑦ $1 \times 5 =$　　⑧ $1 \times 8 =$

⑨ $1 \times 6 =$

2 １Lの　水の　入った　ペットボトルが　６本　あります。水は　ぜんぶで　何(なん)Lですか。

しき

答(こた)え

3 ８人の　子どもが　１本ずつ　かさを　もって　います。かさは　ぜんぶで　何本ですか。

しき

答え

月　　日 名前

かけ算九九 ㉑

れんしゅう

九九の　れんしゅうを　しましょう。

① 1×2＝

② 1×5＝

③ 1×1＝

④ 1×3＝

⑤ 1×6＝

⑥ 1×4＝

⑦ 1×9＝

⑧ 1×7＝

⑨ 1×8＝

⑩ 2×3＝

⑪ 2×1＝

⑫ 2×4＝

⑬ 2×2＝

⑭ 2×5＝

⑮ 2×8＝

⑯ 2×6＝

⑰ 2×9＝

⑱ 2×7＝

月　日 名前

かけ算九九 ㉒

れんしゅう

九九の　れんしゅうを　しましょう。

① 3×3＝　② 3×2＝

③ 3×1＝　④ 3×6＝

⑤ 3×5＝　⑥ 3×4＝

⑦ 3×7＝　⑧ 3×9＝

⑨ 3×8＝　⑩ 4×4＝

⑪ 4×3＝　⑫ 4×6＝

⑬ 4×1＝　⑭ 4×5＝

⑮ 4×2＝　⑯ 4×8＝

⑰ 4×7＝　⑱ 4×9＝

月　日 名前

かけ算九九 ㉓

れんしゅう

九九の　れんしゅうを　しましょう。

① 5×3＝　　② 5×4＝

③ 5×2＝　　④ 5×5＝

⑤ 5×1＝　　⑥ 5×6＝

⑦ 5×8＝　　⑧ 5×7＝

⑨ 5×9＝　　⑩ 6×2＝

⑪ 6×1＝　　⑫ 6×6＝

⑬ 6×4＝　　⑭ 6×7＝

⑮ 6×3＝　　⑯ 6×5＝

⑰ 6×8＝　　⑱ 6×9＝

月　　日 名前

かけ算九九 ㉔
れんしゅう

九九の　れんしゅうを　しましょう。

① $7 \times 1 =$　　② $7 \times 5 =$

③ $7 \times 2 =$　　④ $7 \times 6 =$

⑤ $7 \times 3 =$　　⑥ $7 \times 7 =$

⑦ $7 \times 4 =$　　⑧ $7 \times 8 =$

⑨ $7 \times 9 =$　　⑩ $8 \times 3 =$

⑪ $8 \times 1 =$　　⑫ $8 \times 6 =$

⑬ $8 \times 4 =$　　⑭ $8 \times 7 =$

⑮ $8 \times 2 =$　　⑯ $8 \times 5 =$

⑰ $8 \times 9 =$　　⑱ $8 \times 8 =$

月　日 名前

かけ算九九 ㉕

れんしゅう

九九の　れんしゅうを　しましょう。

① $9 \times 2 =$

② $9 \times 3 =$

③ $9 \times 1 =$

④ $9 \times 5 =$

⑤ $9 \times 4 =$

⑥ $9 \times 9 =$

⑦ $9 \times 7 =$

⑧ $9 \times 6 =$

⑨ $9 \times 8 =$

⑩ $3 \times 9 =$

⑪ $1 \times 9 =$

⑫ $2 \times 9 =$

⑬ $7 \times 9 =$

⑭ $5 \times 9 =$

⑮ $4 \times 9 =$

⑯ $6 \times 9 =$

⑰ $8 \times 9 =$

⑱ $9 \times 9 =$

月　　日 名前

かけ算九九 ㉖

れんしゅう

九九の　れんしゅうを　しましょう。

① $1 \times 2 =$

② $2 \times 3 =$

③ $2 \times 2 =$

④ $1 \times 4 =$

⑤ $2 \times 1 =$

⑥ $3 \times 2 =$

⑦ $1 \times 3 =$

⑧ $1 \times 5 =$

⑨ $2 \times 4 =$

⑩ $2 \times 6 =$

⑪ $3 \times 1 =$

⑫ $1 \times 7 =$

⑬ $2 \times 5 =$

⑭ $1 \times 6 =$

⑮ $2 \times 7 =$

⑯ $2 \times 9 =$

⑰ $1 \times 8 =$

⑱ $3 \times 3 =$

⑲ $1 \times 9 =$

⑳ $2 \times 8 =$

月　　日 名前

かけ算九九 ㉗

れんしゅう

九九の　れんしゅうを　しましょう。

① 3×4＝

② 4×1＝

③ 3×6＝

④ 4×3＝

⑤ 5×2＝

⑥ 3×8＝

⑦ 4×6＝

⑧ 5×1＝

⑨ 3×7＝

⑩ 4×9＝

⑪ 4×8＝

⑫ 3×5＝

⑬ 4×4＝

⑭ 5×3＝

⑮ 4×2＝

⑯ 3×9＝

⑰ 4×5＝

⑱ 5×4＝

⑲ 4×7＝

⑳ 5×5＝

月　日 名前

かけ算九九 ㉘

れんしゅう

九九の　れんしゅうを　しましょう。

① 6×9＝	② 5×6＝
③ 6×1＝	④ 7×7＝
⑤ 5×9＝	⑥ 6×4＝
⑦ 7×1＝	⑧ 5×8＝
⑨ 6×5＝	⑩ 7×6＝
⑪ 6×3＝	⑫ 7×4＝
⑬ 6×8＝	⑭ 5×7＝
⑮ 6×2＝	⑯ 7×3＝
⑰ 6×6＝	⑱ 7×2＝
⑲ 6×7＝	⑳ 7×5＝

かけ算九九 ㉙

れんしゅう

九九の　れんしゅうを　しましょう。

① 8×3＝　② 9×2＝

③ 7×8＝　④ 9×3＝

⑤ 8×1＝　⑥ 9×6＝

⑦ 7×9＝　⑧ 9×1＝

⑨ 8×2＝　⑩ 9×4＝

⑪ 8×4＝　⑫ 8×7＝

⑬ 9×8＝　⑭ 8×5＝

⑮ 9×7＝　⑯ 8×8＝

⑰ 9×5＝　⑱ 8×6＝

⑲ 9×9＝　⑳ 8×9＝

月　　日 名前

かけ算九九 ㉚

れんしゅう

① 2のだんから　6のだんの　九九の　答(こた)えを　かきましょう。

	1	2	3	4	5	6	7	8	9
2 のだん	2	4	6						
3 のだん	3	6							
4 のだん	4								
5 のだん									
6 のだん									

② かける　数(かず)が　ばらばらに　なって　います。
7のだんから　9のだんの　九九の　答えを　かきましょう。

	2	4	7	9	1	6	8	3	5
7 のだん	14								
8 のだん									
9 のだん									

まとめテスト

月　日 名前

まとめ ⑮

かけ算九九

/50点

1 つぎの 計算(けいさん)を しましょう。（1つ3点／30点）

① 5×5＝　② 9×4＝

③ 8×7＝　④ 2×7＝

⑤ 1×3＝　⑥ 9×8＝

⑦ 6×8＝　⑧ 4×6＝

⑨ 3×6＝　⑩ 7×7＝

2 8こずつ 入った ドーナツが 6はこ あります。ドーナツは ぜんぶで 何(なん)こ ありますか。（10点）

しき

答(こた)え

3 6人に 4まいずつ 色紙(いろがみ)を くばります。色紙は 何まい いりますか。（10点）

しき

答え

まとめテスト

月　　日 名前

まとめ ⑯

かけ算九九

/50点

☆☆ 1 つぎの　計算を　しましょう。（1つ3点／30点）

① $3 \times 7 =$　　② $6 \times 9 =$

③ $9 \times 6 =$　　④ $7 \times 6 =$

⑤ $2 \times 4 =$　　⑥ $8 \times 4 =$

⑦ $5 \times 7 =$　　⑧ $7 \times 8 =$

⑨ $1 \times 4 =$　　⑩ $4 \times 7 =$

☆☆☆ 2 6cmの　テープを　6本　つなぎました。
つないだ　テープの　長さは　何cmですか。（10点）

しき

答え

☆☆☆ 3 ●の　数(かず)を　かけ算を　つかって　もとめましょう。（10点）

しき

答え

月　日 名前

かけ算の　せいしつ ①

同じ数が　ふえる

●の 数(かず)に ついて、考(かんが)えましょう。

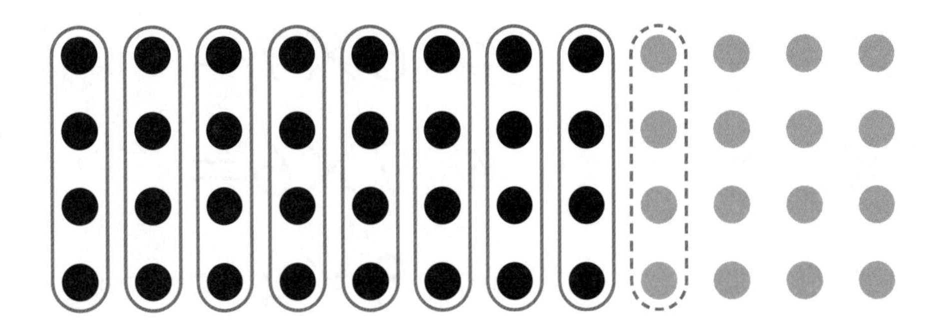

たてに 4こずつ ならんで いる ●が、8れつ ありますか。（　）に 数を かきましょう。

4×8＝32

4 ふえる

9れつに なると

4×9＝36

4 ふえる

10れつに なると

4×10＝40

4 ふえる

11れつに なると

4×11＝(　　　)

4 ふえる

12れつに なると

4×12＝(　　　)

かけ算の　せいしつ ②

同じ数が　ふえる

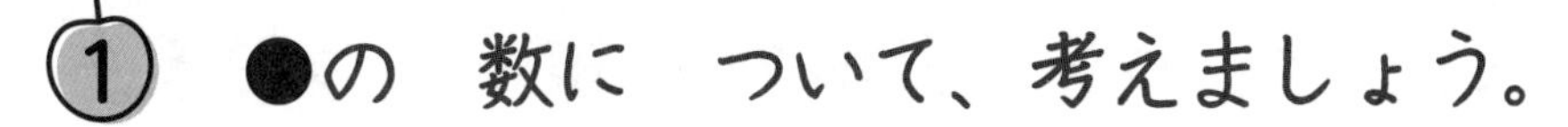

① ●の　数に　ついて、考えましょう。

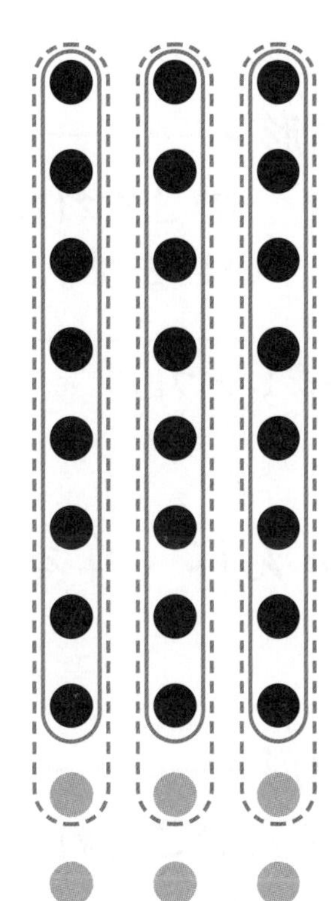

たてに　8こずつ　ならんで　いる●が、3れつ　あります。(　　)に数を　かきましょう。

8×3＝24

たてに　9こずつ　　3つ　ふえる

↓

9×3＝27

たてに　10こずつ　　3つ　ふえる

↓

10×3＝30

たてに　11こずつ　　3つ　ふえる

↓

11×3＝(　　　)

たてに　12こずつ　　3つ　ふえる

↓

12×3＝(　　　)

② つぎの　計算(けいさん)を　しましょう。

① 5×9＝　　　② 5×10＝

③ 5×11＝　　　④ 9×2＝

⑤ 10×2＝　　　⑥ 11×2＝

三角形と　四角形 ①

三角形・四角形とは

① 3つの　点ア、イ、ウを、3本の直線で　つなぎましょう。

ア・

・三角形・

3本の　直線で　かこまれた形を、三角形と　いいます。

（3回　読みましょう。）

イ・　　・ウ

② 4つの　点ア、イ、ウ、エを、じゅんに　4本の直線で　つなぎましょう。

ア・

・エ

・四角形・

4本の　直線で　かこまれた形を、四角形と　いいます。

（3回　読みましょう。）

イ・　　・ウ

③ □に　あてはまる　ことばを　かきましょう。

① 3本の　直線で　かこまれた　形を □ と　いいます。

② 4本の □ で　かこまれた　形を　四角形と　いいます。

月　　日 名前

三角形と　四角形 ②

三角形・四角形とは

図を　見て　答えましょう。

① 三角形の　記ごうを
かきましょう。

② 四角形の　記ごうを
かきましょう。

月　　日 名前

三角形と　四角形 ③

直角とは

紙(かみ)を　おって、直角(ちょっかく)を　作(つく)りましょう。

① 紙を2つにおる。 ② また2つにおる。 ③ でき上がり。

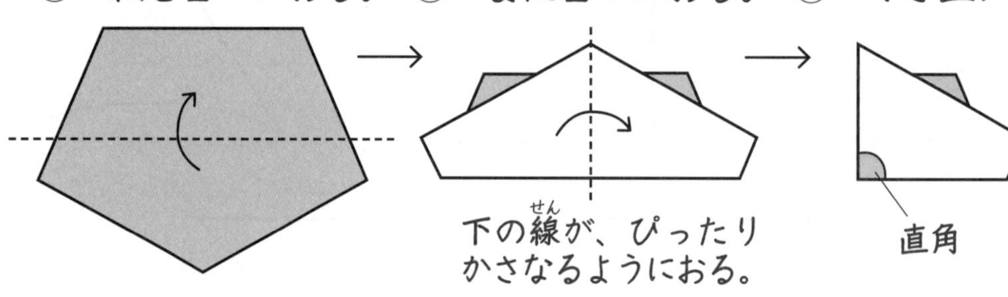

下の線(せん)が、ぴったり
かさなるようにおる。
直角

④ 角を三角じょうぎの角と
かさねる。(たしかめる。)

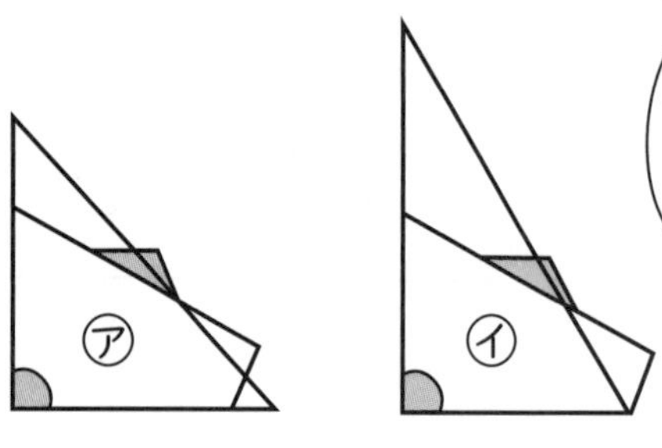

㋐
㋑

三角じょうぎの㋐
㋑の角は直角で
す。
紙をおってできる
角も直角ですね。

三角じょうぎを　つかって、直角に　なって　いるところに　○を　つけましょう。

①

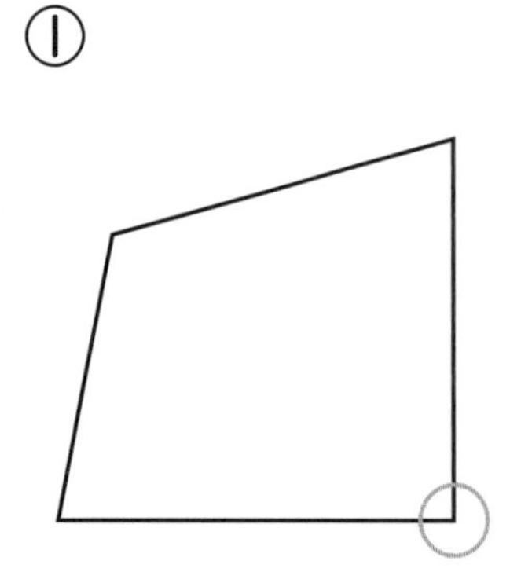

②

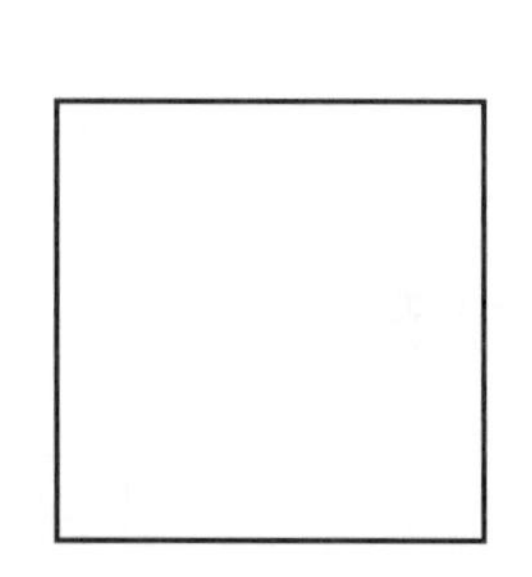

③

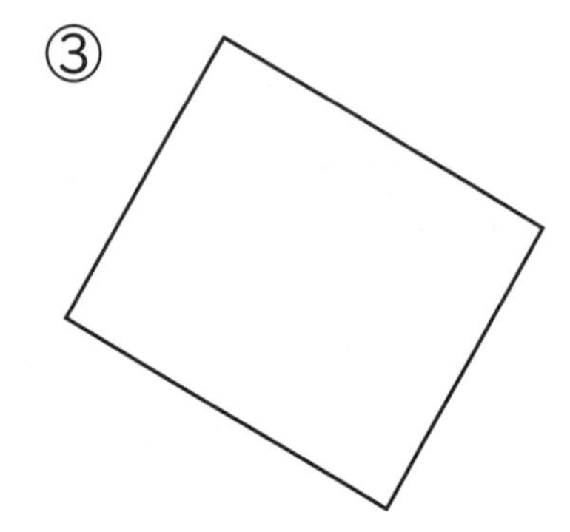

月　　日　名前

三角形と　四角形　④

長方形

4つの　角が　みんな　直角に　なって　いる　四角形を、長方形と　いいます。

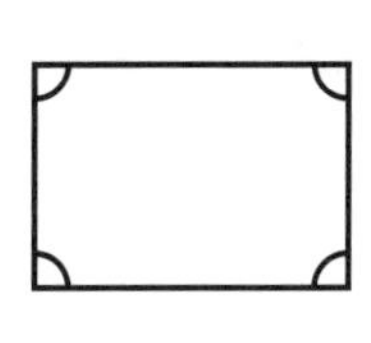

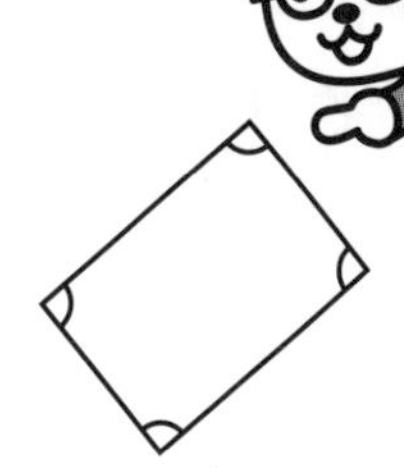

四角形で、まわりの　直線を　へん、角の　点を　ちょう点と　いいます。

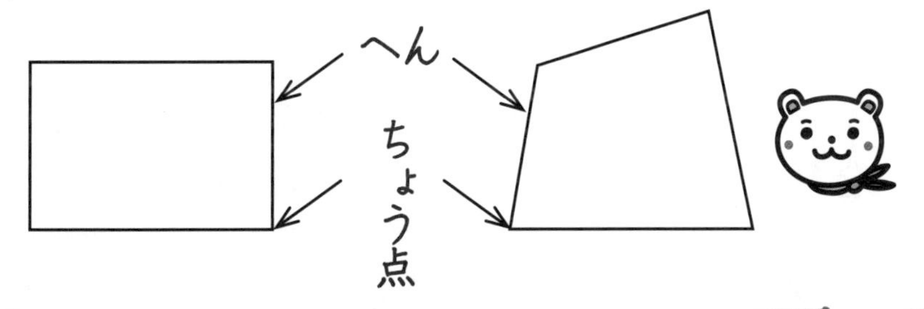

長方形の　紙を、図のように　おって、長方形の　むかいあって　いる　へんの　長さを　くらべましょう。□に　あてはまる　ことばを　かきましょう。

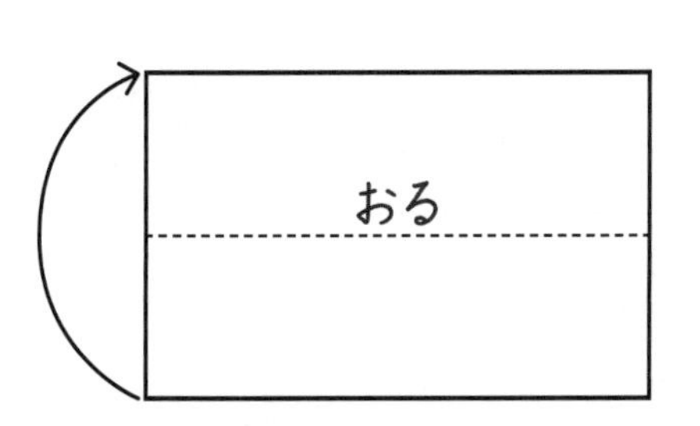

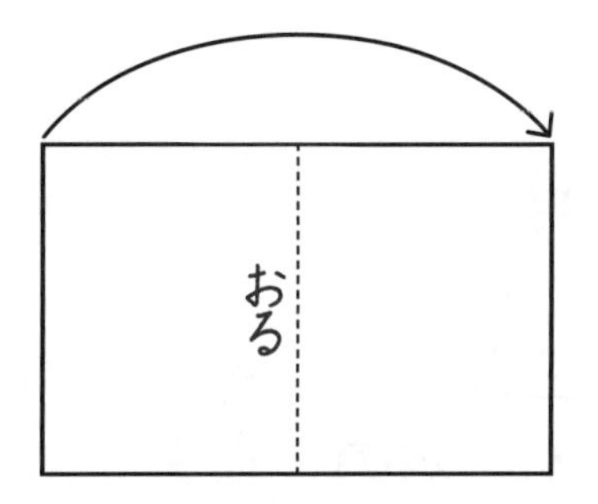

長方形の　むかいあって　いる  の　長さは　同じです。

月　　日 名前

三角形と　四角形 ⑤

正方形・直角三角形

● おり紙を　図のように　おって、へんの　長さを　くらべましょう。□に　あてはまる　ことばを　かきましょう。

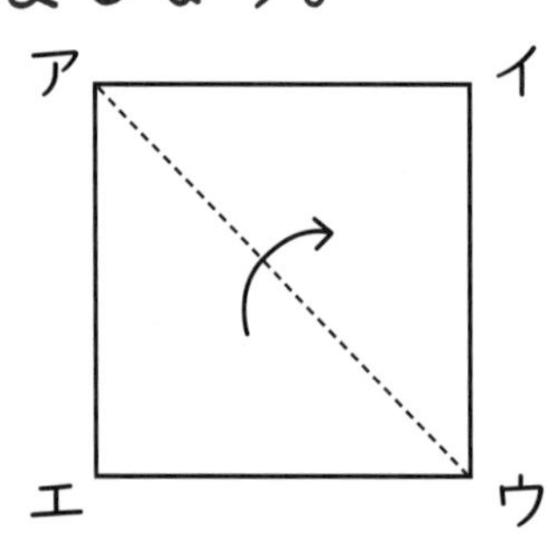

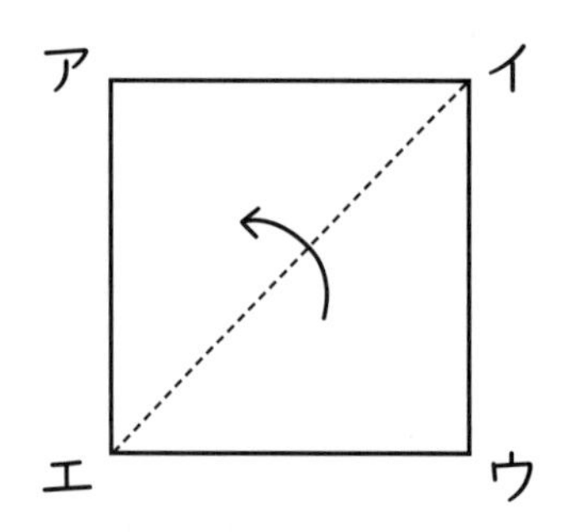

- イとエのちょう点を　合わせる。
- アとウのちょう点を　合わせる。

4つの　角が　みんな　直角で、4つの　□　の　長さが　みんな　同じ　四角形を　正方形と　いいます。

直角の　角の　ある　三角形を　直角三角形　と　いいます。

三角形で、まわりの　直線を　へん、角の　点を　ちょう点と　いいます。

直角

直角

へん

ちょう点

月　　日 名前

三角形と 四角形 ⑥

いろいろな 形

1 つぎの □に あてはまる 数(かず)を かきましょう。

四角形には、へんが ①□ 本、ちょう点が ②□ こ
あります。

三角形には、へんが ③□ 本、ちょう点が ④□ こ
あります。

2 図形の 名前(なまえ)を、右から えらんで かきましょう。

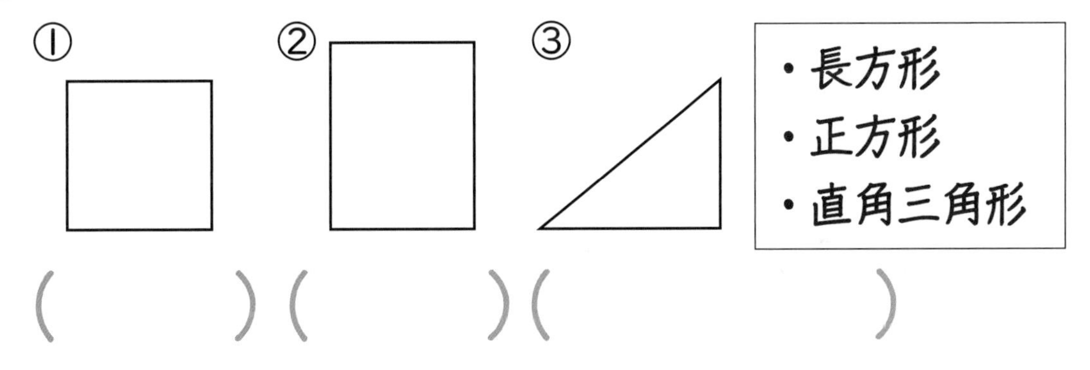

（　　　）（　　　）（　　　）

3 線は、みんな 直角に 交(まじ)わって います。
長方形・正方形・直角三角形を、１つずつ
かきましょう。（大きさや 長さは じゆうです。）

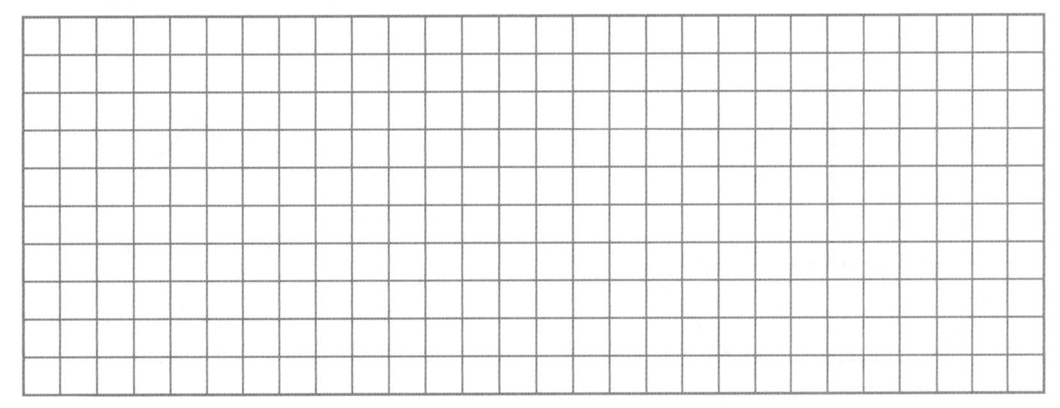

三角形と　四角形 ⑦

図形を　作る

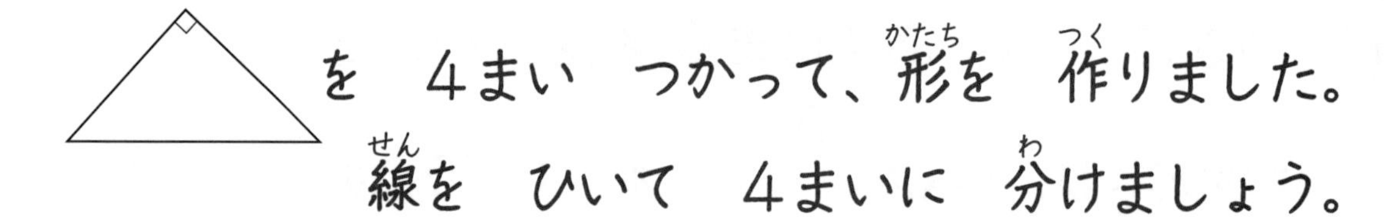

を　４まい　つかって、形を　作りました。
線を　ひいて　４まいに　分けましょう。

①

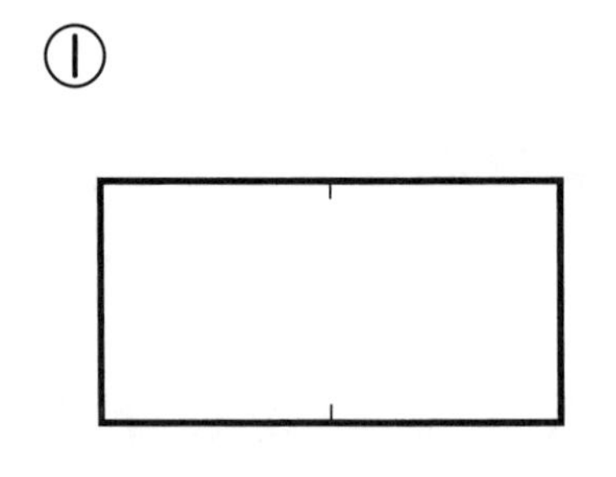

②

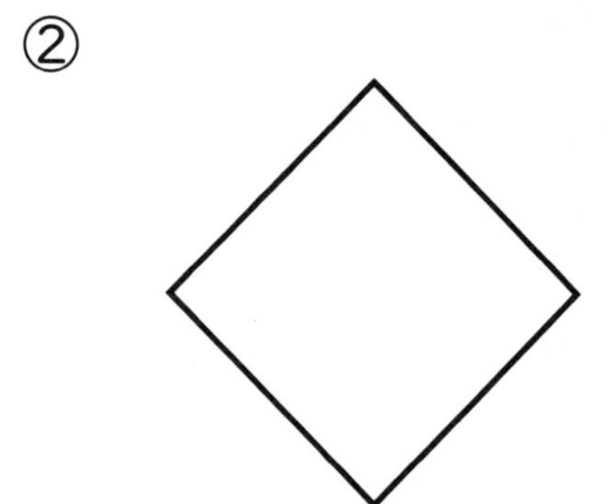

③

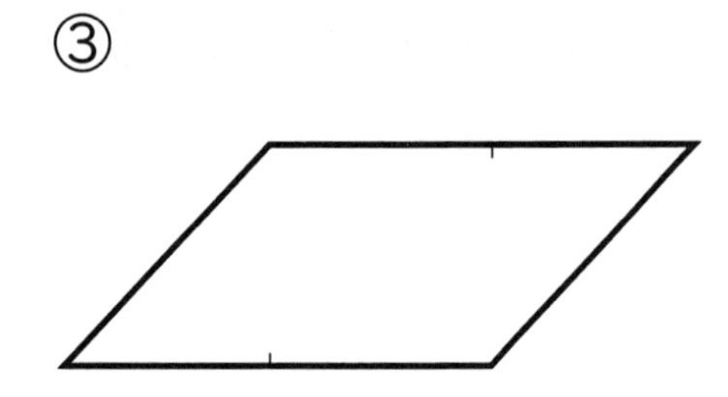

④

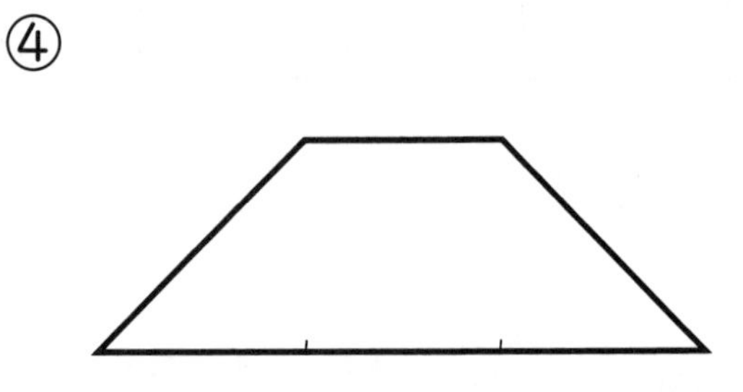

⑤

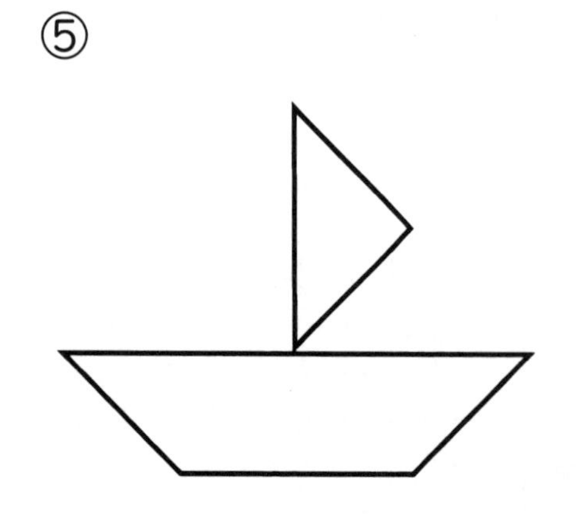

⑥

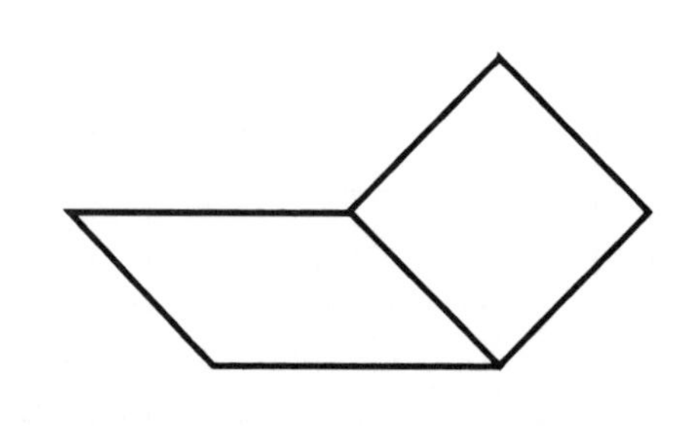

月　日 名前

三角形と 四角形 ⑧

図形を 作る

🍎 ◣の 形は、何(なん)まい ありますか。

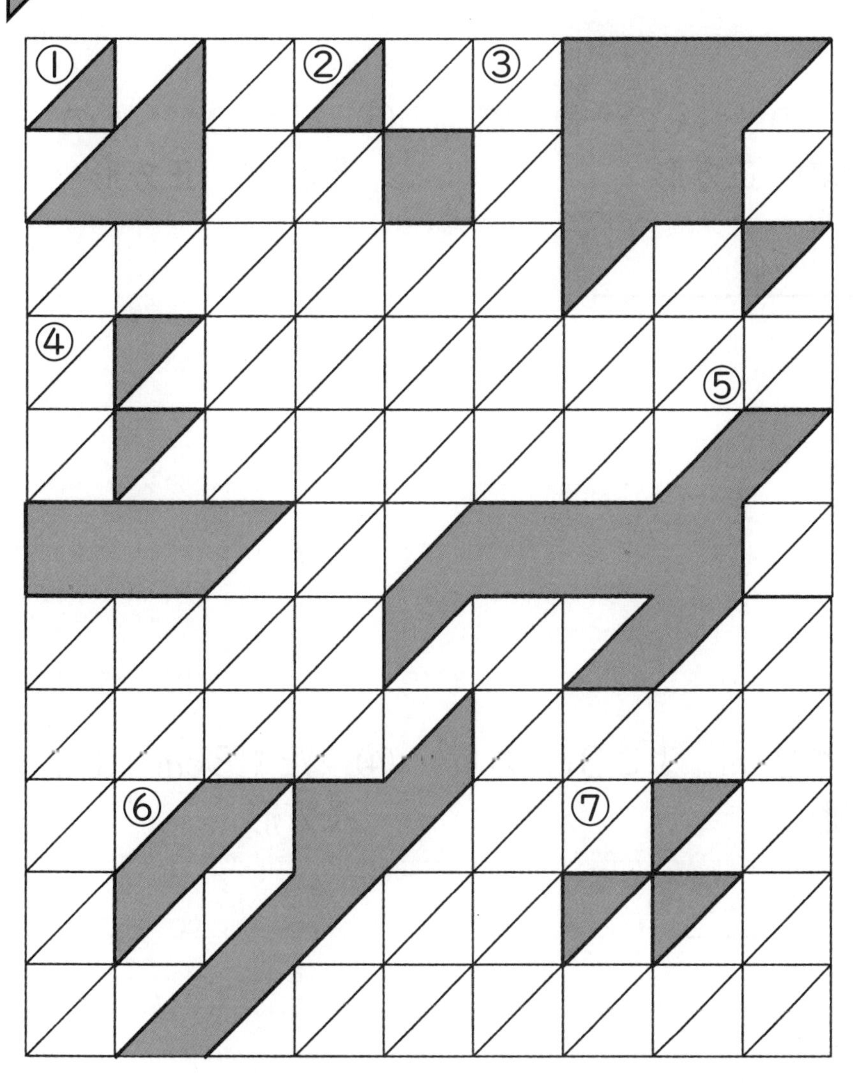

① （　　　　）まい　② （　　　　）まい

③ （　　　　）まい　④ （　　　　）まい

⑤ （　　　　）まい　⑥ （　　　　）まい

⑦ （　　　　）まい

三角形と　四角形 ⑨

正方形・長方形・直角三角形を　かく

1　1cmの　方(ほう)がんに　正方形(せいほうけい)と　長方形(ちょうほうけい)を　かきましょう。

①　1つの　へんの　長(なが)さが　4cmの　正方形

②　1つの　へんの　長さが　5cmの　正方形

③　たて2cm　よこ3cmの　長方形

④　たて3cm　よこ5cmの　長方形

⑤　たて1cm　よこ10cmの　長方形

月　　日 名前

三角形と 四角形 ⑩

正方形・長方形・直角三角形を　かく

1 1cmの 方がんに 直角三角形(ちょっかくさんかくけい)を かきましょう。

① 直角の りょうがわの へんの 長さが 3cmの 直角三角形

② 直角の りょうがわの へんの 長さが 4cmの 直角三角形

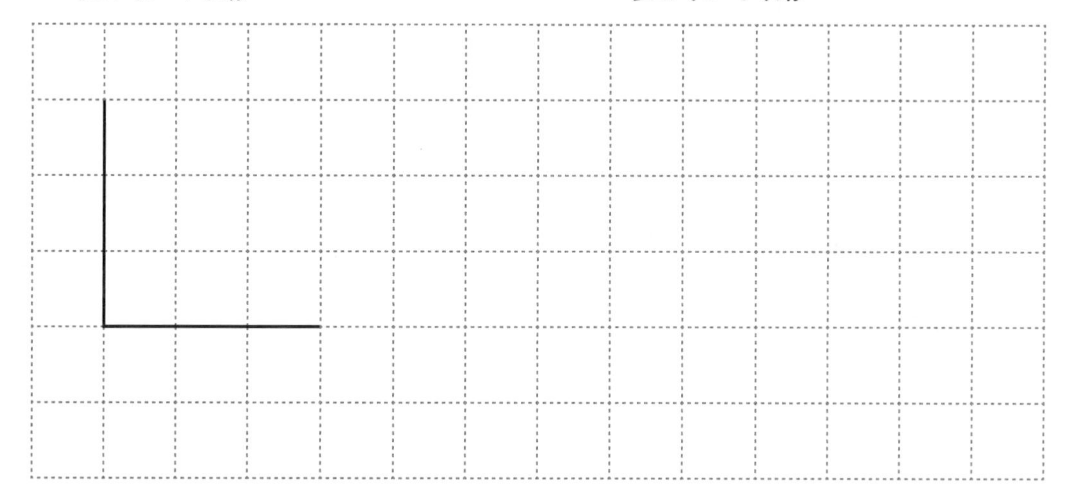

③ 直角の りょうがわの へんの 長さが 2cmと 3cmの 直角三角形

④ 直角の りょうがわの へんの 長さが 4cmと 5cmの 直角三角形

まとめテスト　　月　　日 名前

まとめ ⑰

三角形と　四角形

1 □に　あてはまる　ことばや　数を　かきましょう。

（１つ５点／20点）

① ３本の　直線で　かこまれた　形を □ と　いいます。

② ４本の　直線で　かこまれた　形を □ と　いいます。

③ 三角形の　へんは □ 本、ちょう点は □ こ　あります。

④ 四角形の　へんは □ 本、ちょう点は □ こ　あります。

2 つぎのような　形を　何と　いいますか。

（１つ10点／30点）

① かどが　みんな　直角で　へんの　長さが　みんな　同じ　四角形。
（　　　　　　）

② 直角の　かどが　ある　三角形。
（　　　　　　）

③ かどが　みんな　直角に　なっている　四角形。
（　　　　　　）

まとめテスト

月　　日 名前

まとめ ⑱

三角形と　四角形

/50点

1 長方形(ちょうほうけい)、正方形、直角三角形は　どれですか。記(き)ごうで　答(こた)えましょう。（1つ10点／30点）

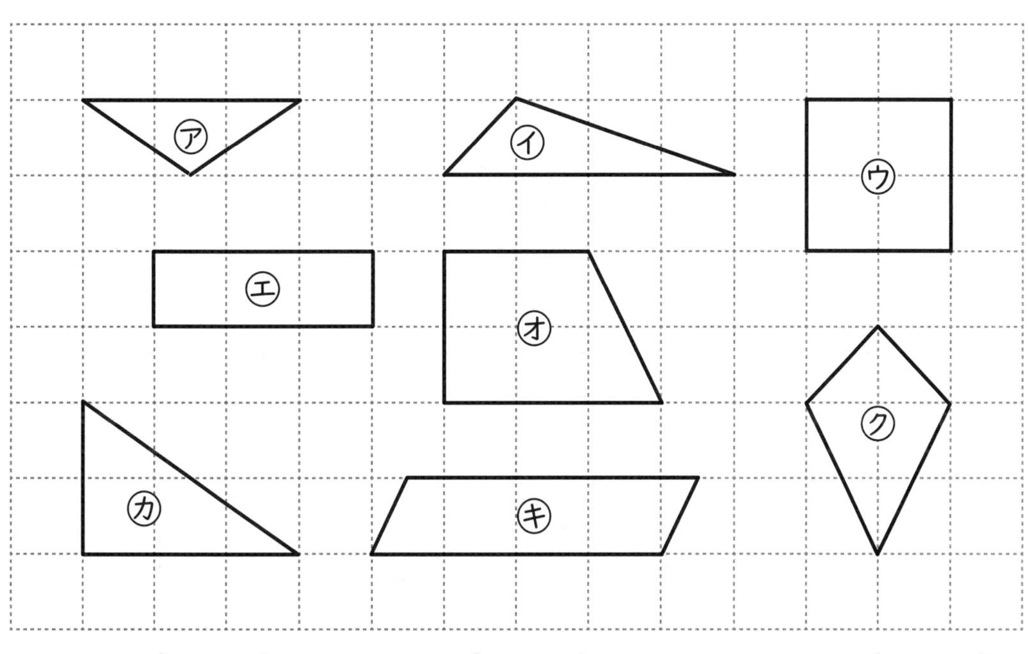

長方形（　　）　正方形（　　）　直角三角形（　　）

2 つぎの　形を　方(ほう)がんに　かきましょう。（1つ10点／20点）

① 1つの　へんの　長さが　3cmの　正方形。

② 直角に　なる　2つの　へんの　長さが　3cmと　4cmの　直角三角形。

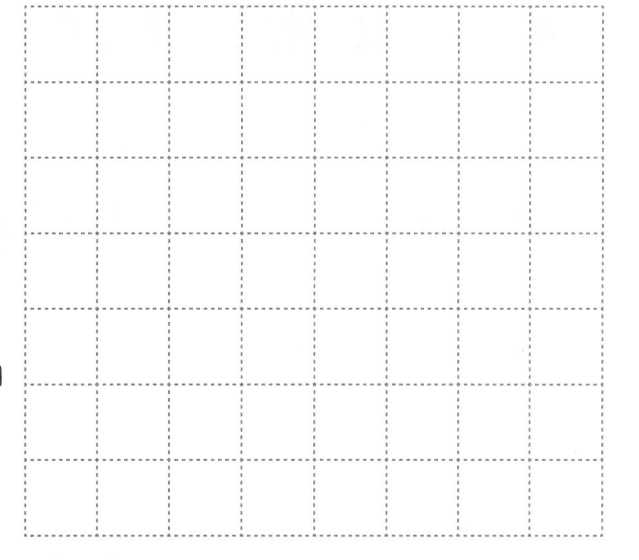

月　　日　名前

はこの　形 ①

めん・へん・ちょう点

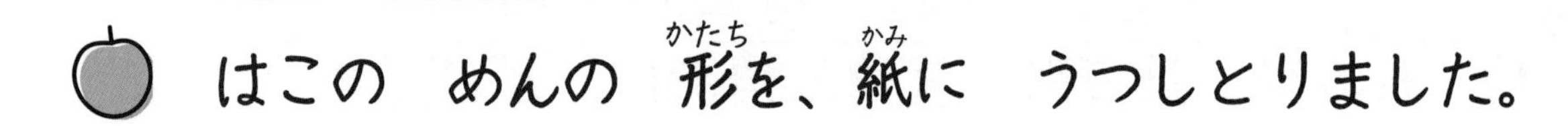

はこの　めんの　形を、紙に　うつしとりました。

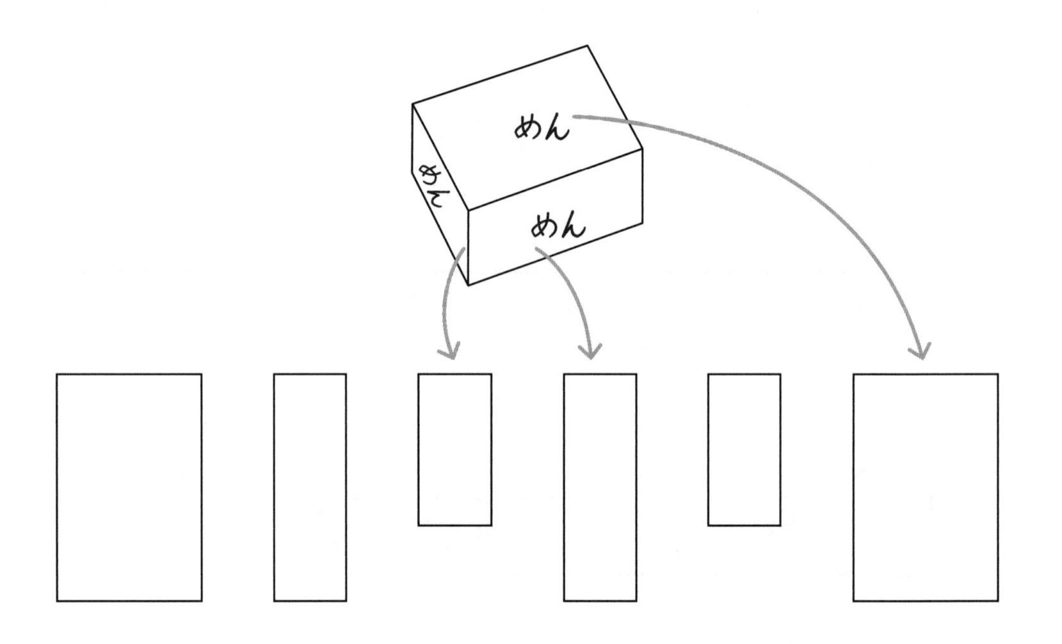

① うつしとった　めんの　形は、何と　いう　四角形ですか。
（　　　　　）

② めんは　何こ　ありますか。
（　　　　　）

③ 同じ　大きさの　めんは、何こずつ　ありますか。
（　　　　　）ずつ

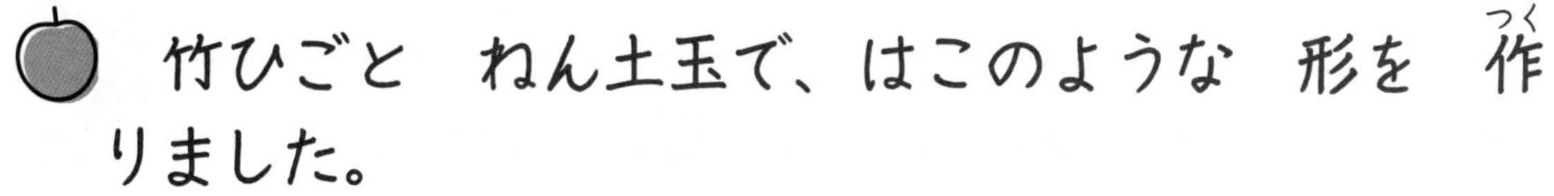

はこの 形 ②
めん・へん・ちょう点

竹ひごと ねん土玉で、はこのような 形を 作(つく)りました。

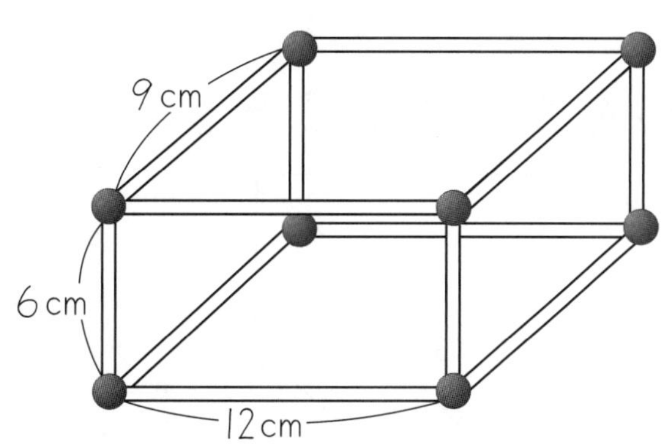

① つぎの 長(なが)さの 竹ひごを、何本ずつ つかって いますか。

㋐ 6cmの 竹ひご　（　　　　）本

㋑ 9cmの 竹ひご　（　　　　）本

㋒ 12cmの 竹ひご　（　　　　）本

② 竹ひごは、ぜんぶで 何本 つかって いますか。

（　　　　）本

③ ねん土玉は、ぜんぶで 何こ つかって いますか。

（　　　　）こ

月　　日 名前

はこの　形 ③

めん・へん・ちょう点

前ページの　はこの　形の、竹ひごに　あたる　ところを、へんと　いいます。

また、ねん土玉のところを、ちょう点と　いいます。

へん

ちょう点

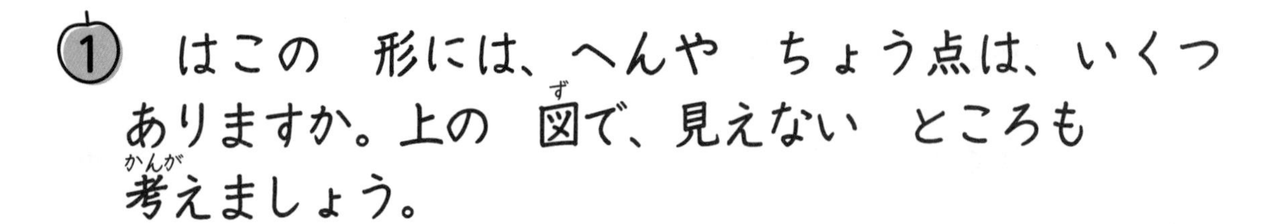

① はこの　形には、へんや　ちょう点は、いくつ　ありますか。上の　図で、見えない　ところも　考えましょう。

①　へん（　　　　　）　②　ちょう点（　　　　　）

② はこの　形について、しらべましょう。

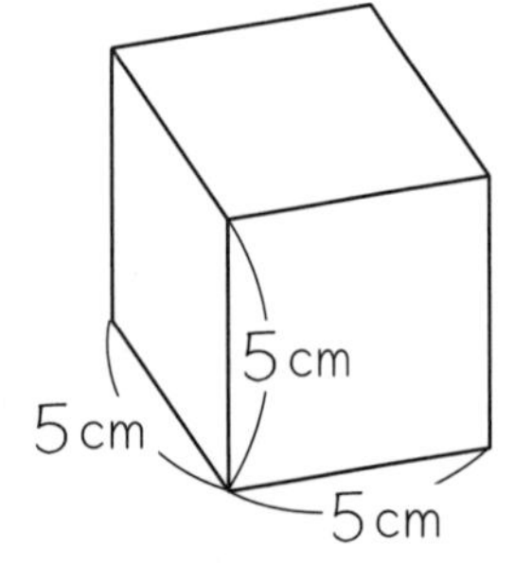

①　5cmの　へんの　数。（　　　　）

②　ちょう点の　数。（　　　　）

③　めんの　数。（　　　　）

月　　日 名前

はこの　形 ④

めん・へん・ちょう点

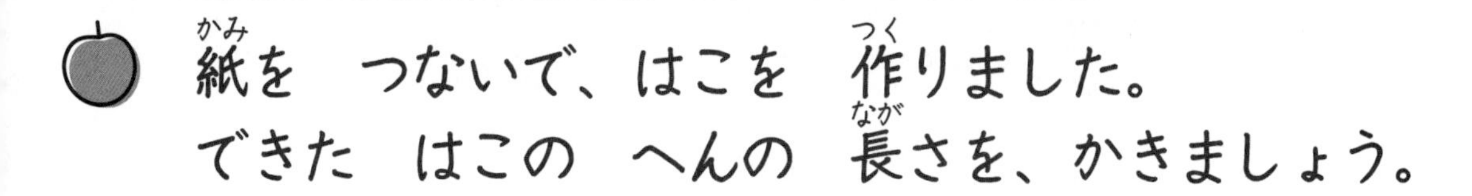

紙(かみ)を　つないで、はこを　作(つく)りました。
できた　はこの　へんの　長(なが)さを、かきましょう。

①

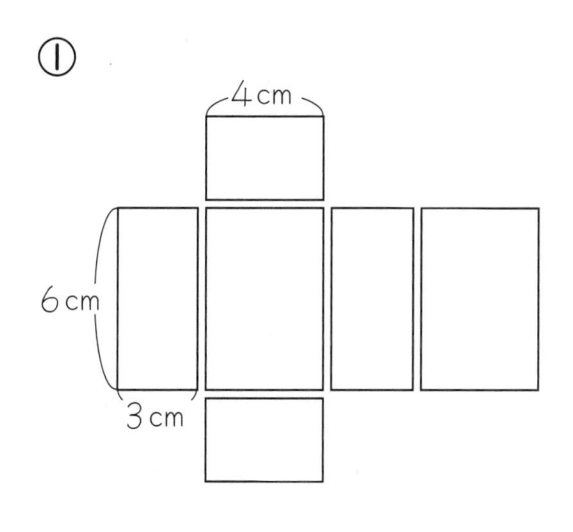

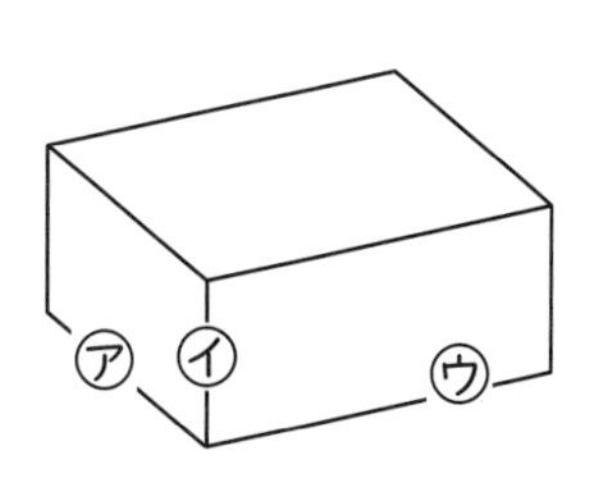

㋐（　　　　　　）

㋑（　　　　　　）

㋒（　　　　　　）

②

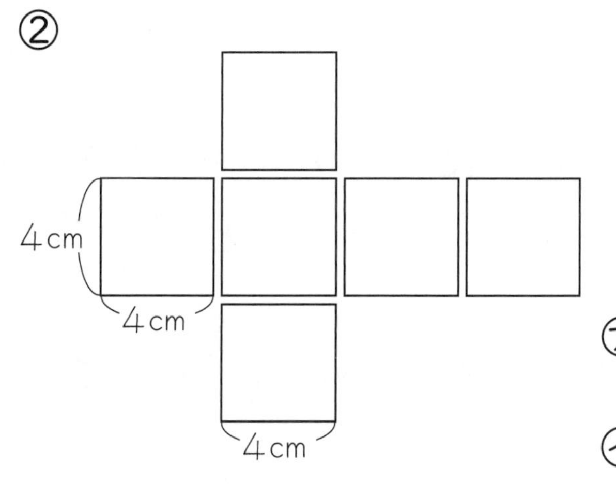

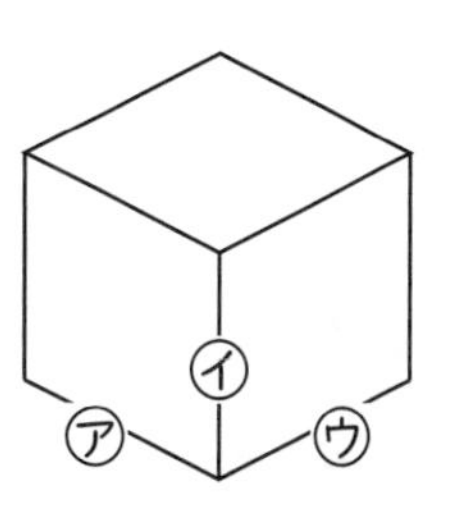

㋐（　　　　　　）

㋑（　　　　　　）

㋒（　　　　　　）

月　　日 名前

水の　かさ ①

おぼえて　いるかな

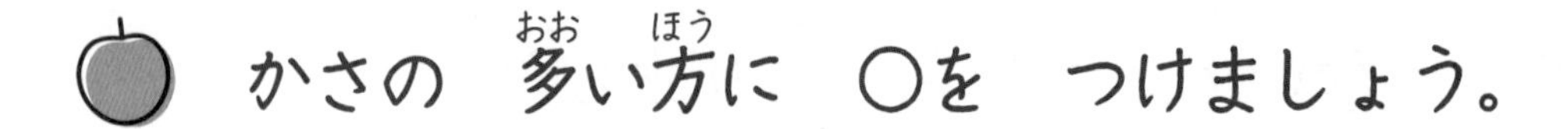

かさの　多(おお)い方(ほう)に　○を　つけましょう。

① ㋑に　水を　いっぱい　入れて、㋐に　入れかえました。

㋐（　　　　）

㋑（　　　　）

② ㋐と　㋑に　水を　いっぱい　入れて、同(おな)じ　大きさの　入れものに　入れかえました。

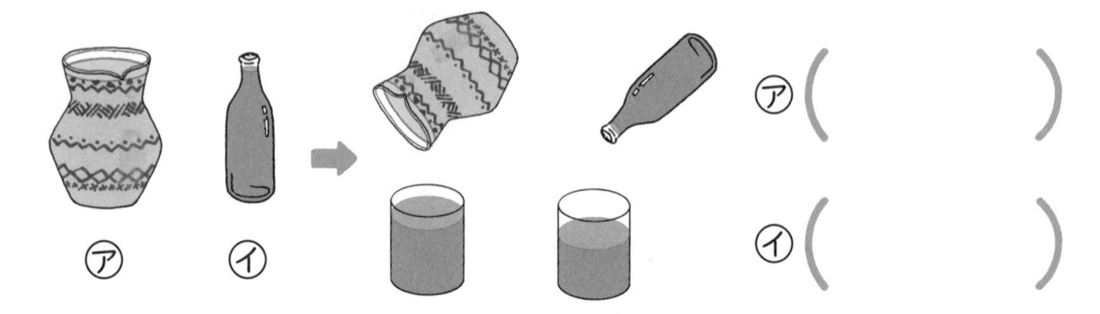

㋐（　　　　）

㋑（　　　　）

かさを　くらべる　ときに、ちがった　入れもので　はかると、正しく　くらべる　ことが　できません。

そこで　せかい中の　人が　つかう　かさの　たんいを　きめました。

１リットル（１L）ますです。

水の　かさ ②

1L（リットル）

バケツに　入る　水の　かさを　はかる　ときには、1リットルますを　つかいます。

1リットルは、1Lと　かきます。リットル(L)は　かさの　たんいです。

① Lの　かき方を　れんしゅうしましょう。

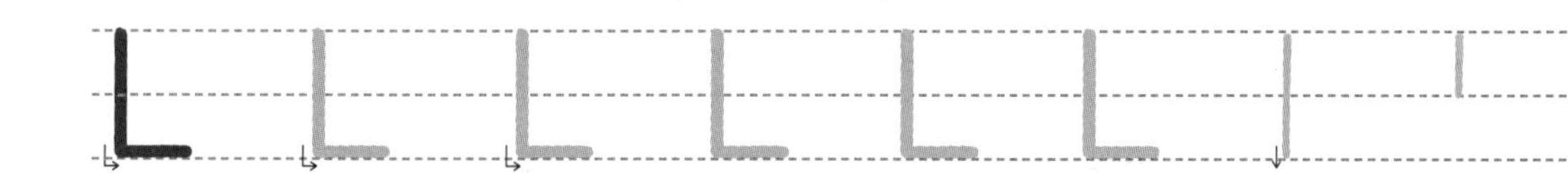

② ㋐の　バケツには、1Lます　5つ分（ぶん）の　水が　入ります。

1L	1L	1L
1L	1L	

これを　5L（リットル）と　いいます。

㋐　（　5L　）

1L	1L	1L
1L	1L	1L

㋑の　バケツには、水は　何（なん）L　入りますか。

（　　　　　）

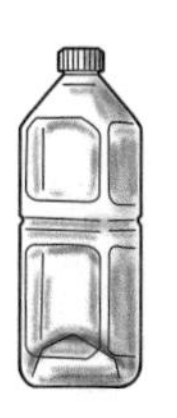

1L	1L

㋒の　ペットボトルには、何L　入りますか。

（　　　　　）

水の　かさ ③

1 dL（デシリットル）

ペットボトルの　お茶(ちゃ)の　りょうを　はかったら、下のように　なりました。

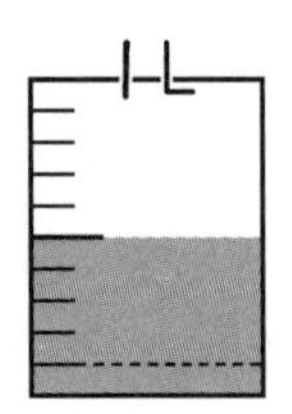

1Lを10こに分(わ)けた1つ分(ぶん)を1デシリットルといい、1dLとかきます。

ペットボトルの　お茶は　5つ目の　めもりまでなので、5dLです。
デシリットル（dL）は、かさの　たんいです。

① dLの　かき方(かた)を　れんしゅうしましょう。

② 1Lますに、1dLますで　水が　何(なん)ばい　入るかしらべました。1Lは、何dLですか。

1L ＝ 1dL 1dL 1dL 1dL 1dL 1dL 1dL 1dL 1dL 1dL

1L＝［　　］dL

③ かさは、何L何dLですか。

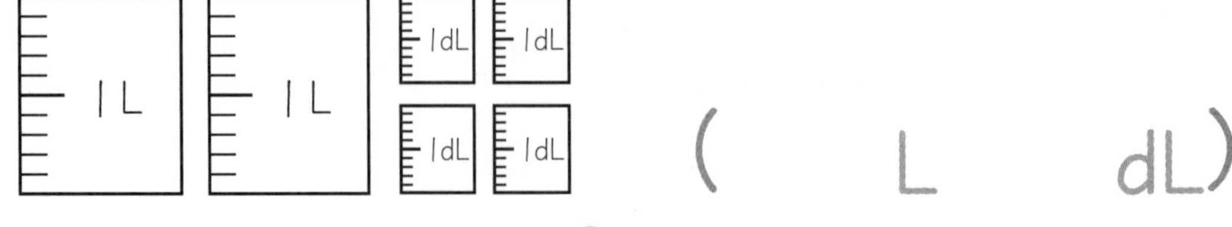

水の　かさ ④

L・dL

① 1L5dLの　ペットボトルと　2dLの　パックに入った　オレンジジュースが　あります。

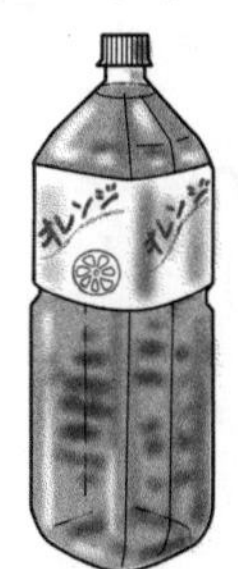

①　合(あ)わせると　何L何dLに　なりますか。

しき

答(こた)え ____________

②　ちがいは、どれだけですか。

しき

答え ____________

② つぎの　計算(けいさん)を　しましょう。

①
$$\begin{array}{r} 4\,\text{L}\ 6\,\text{dL} \\ +\ 2\,\text{L}\ 2\,\text{dL} \\ \hline \text{L}\quad\ \text{dL} \end{array}$$

②
$$\begin{array}{r} 5\,\text{L}\ 7\,\text{dL} \\ -\ 3\,\text{L}\ 4\,\text{dL} \\ \hline \text{L}\quad\ \text{dL} \end{array}$$

③　3L＋1L5dL＝

④　4L2dL＋3dL＝

⑤　8L8dL－7L＝

⑥　3L4dL－2L2dL＝

月　　日 名前

水の　かさ ⑤

1 mL（ミリリットル）

かんジュースの　かさを　はかったら、つぎのように　なりました。3dLと　半分(はんぶん)です。

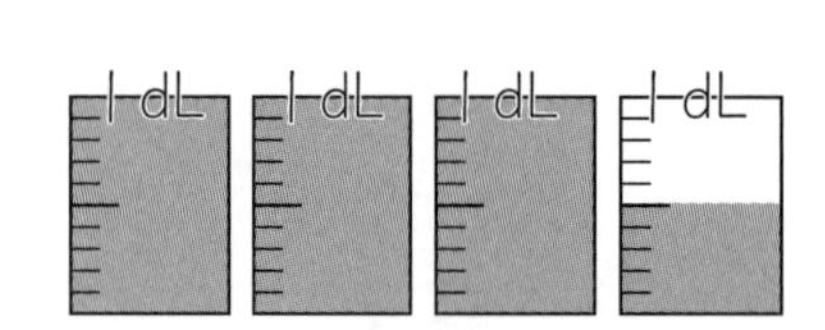

かんに350mL と　かいてありました。350ミリリットルと読(よ)みます。

ミリリットル（mL）は、かさの　たんいです。

① mLの　かき方(かた)を　れんしゅうしましょう。

mL mL mL mL m

② パックの　牛(ぎゅう)にゅう(1000mL)を、1Lますに　入れると、ちょうど　1ぱいに　なりました。1Lは何(なん)mLですか。

1L=（　　　mL　）

③ びん入りの　牛にゅうを、1dLますに　入れました。何mLですか。

＝ 1dL 1dL

（　200mL　）

月　　日　名前

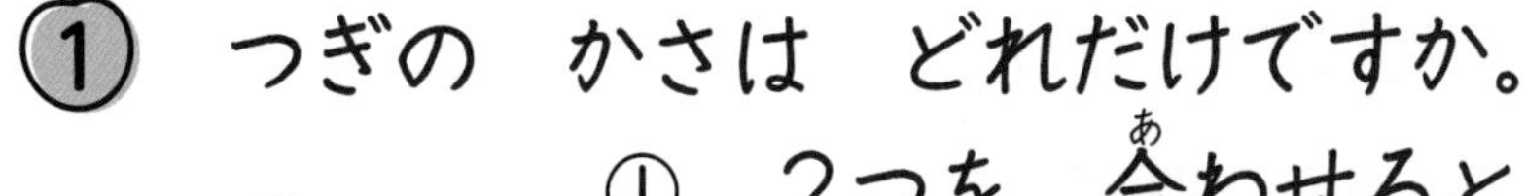

水の　かさ ⑥
L・dL・mL

1　つぎの　かさは　どれだけですか。

①　2つを　合(あ)わせると、何mLですか。

しき

（　　　mL）

②　2つの　かさの　ちがいは、何mLですか。

しき

（　　　mL）

2　かさを　くらべて、多(おお)い　方(ほう)に　○を　つけましょう。

① （　　）㋐ 6000mL
　（　　）㋑ 7L

② （　　）㋐ 1L
　（　　）㋑ 90mL

③ （　　）㋐ 10dL
　（　　）㋑ 2L

④ （　　）㋐ 600mL
　（　　）㋑ 5dL

3　かさの　たんい（L、dL、mL）を　□に　かきましょう。

①　きゅう食(しょく)の　牛にゅうは、200□です。

②　そうじ用(よう)の　バケツ　いっぱいに、水が　4□　入って　います。

③　1L＝10□です。

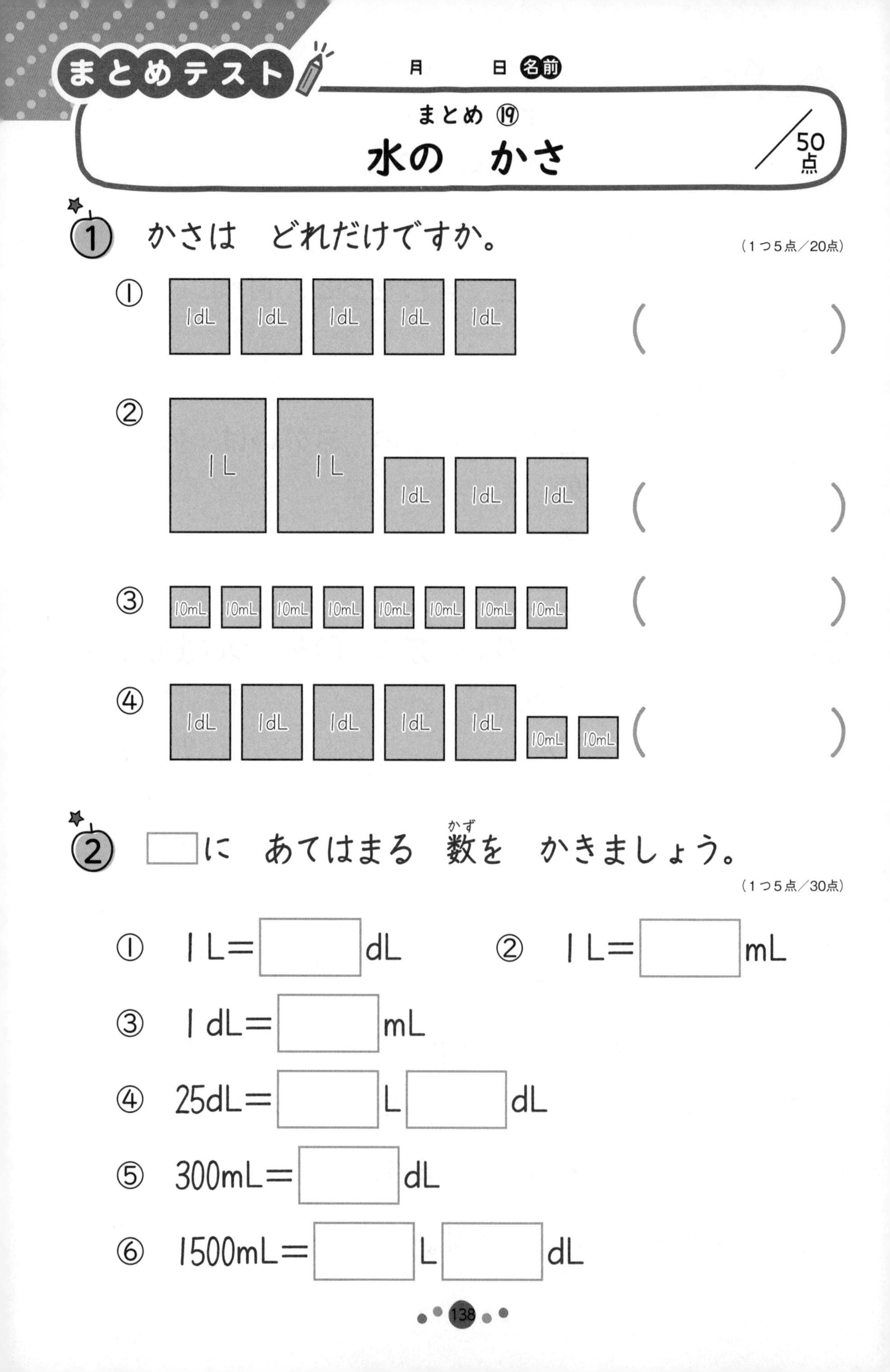

まとめテスト　月　日 名前

まとめ ⑲

水の　かさ

／50点

1 かさは　どれだけですか。（１つ５点／20点）

① 1dL 1dL 1dL 1dL 1dL　（　　　）

② 1L 1L 1dL 1dL 1dL　（　　　）

③ 10mL 10mL 10mL 10mL 10mL 10mL 10mL 10mL　（　　　）

④ 1dL 1dL 1dL 1dL 1dL 10mL 10mL　（　　　）

2 □に　あてはまる　数(かず)を　かきましょう。（１つ５点／30点）

① 1L＝□dL　② 1L＝□mL

③ 1dL＝□mL

④ 25dL＝□L□dL

⑤ 300mL＝□dL

⑥ 1500mL＝□L□dL

まとめテスト　月　日 名前

まとめ ⑳

水の　かさ

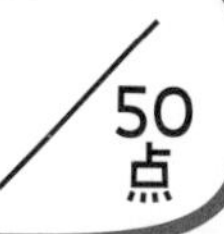
／50点

1 つぎの　計算(けいさん)を　しましょう。

（1つ5点／30点）

① 4dL＋3dL＝

② 9dL－5dL＝

③ 7L＋3L＝

④ 10L－6L＝

⑤ 3L 6dL＋2L 3dL＝

⑥ 8L 5dL－4L 2dL＝

2 1L5dLの　水が　入る　ポットと、1Lの　水が　入る　ポットが　あります。

① 合(あ)わせて　どれだけの　水が　入りますか。

（10点）

しき

答(こた)え

② ちがいは　どれだけですか。

（10点）

しき

答え

長い ものの 長さ ①

1 m（メートル）

① てつぼうの 長さを はかりました。

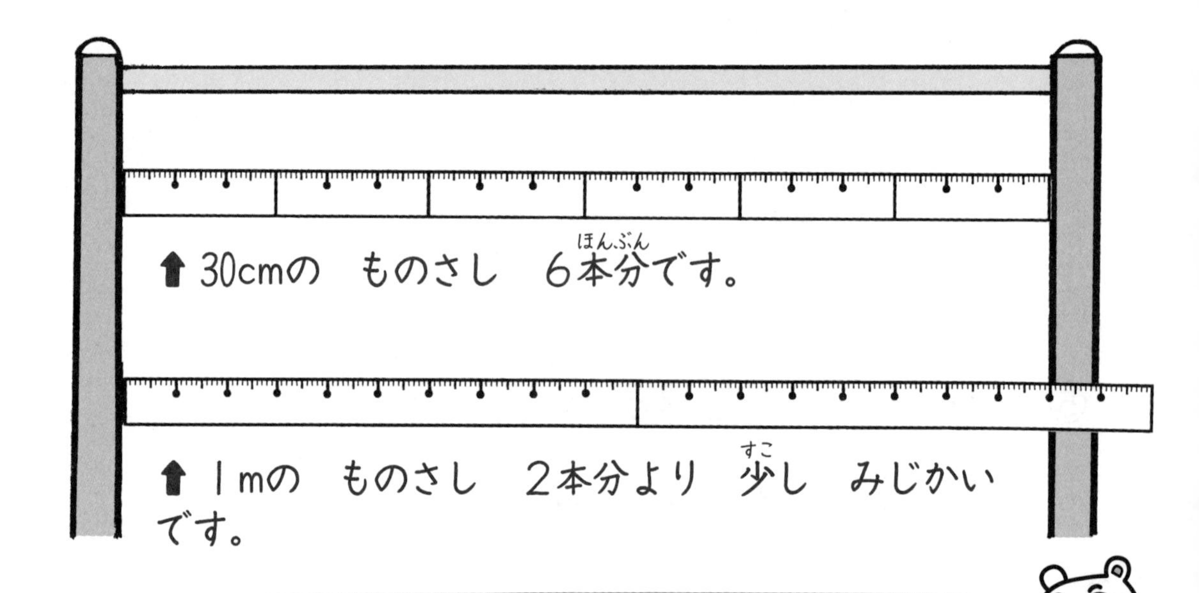

↑30cmの ものさし 6本分です。
↑1mの ものさし 2本分より 少し みじかい です。

100 cmを 1 m（メートル）と いいます。

1 m＝100cm

② m（メートル）の かき方を れんしゅうしましょう。

1m 1m 1m 1m 1m 1m

1m 1m 1m 1m 1m 1m

メートル メートル メートル

月　日 名前

長い ものの 長さ ②
m・cm

てつぼうの　長さを　かきましょう。

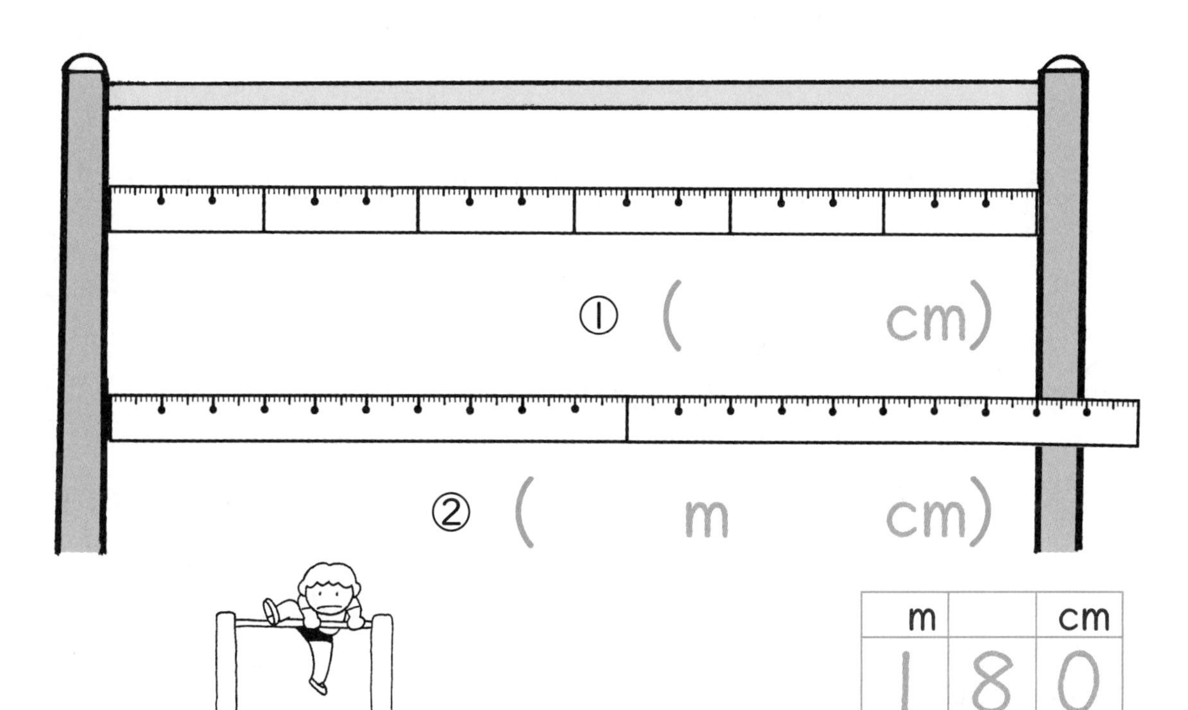

① (　　　cm)

② (　　m　　cm)

m		cm
1	8	0

③ へいきん台(だい)の　長さは、200cmです。

m		cm

(　　　m)

④ うんていの　高(たか)さは、150cmです。

m		cm

(　　m　　cm)

⑤ ジャングルジムの　高さは、225cmです。

m		cm

(　　m　　cm)

月　　日 名前

長い ものの 長さ ③
m・cm

1 つぎの 長さ(なが)は、何(なん)m何cmですか。

① 1mの ものさし 1つ分と、63cmの 長さ

（　　　　　　）

② 1mの ものさし 3つ分と、6cmの 長さ

（　　　　　　）

2 □に 数(かず)を かきましょう。

① 1m＝□cm　② 4m＝□cm

③ 5m40cm＝□cm →

ヒント

		m	cm	
		5	4	0

④ 3m9cm＝□cm

3mは 300cm
だから、それに
9cm たして…

⑤ 100cm＝□m　⑥ 500cm＝□m

⑦ 175cm＝□m□cm

100cmで
1mだよ。

長い ものの 長さ ④

長さの　計算

1 長さの　計算(けいさん)を　しましょう。

① 4m＋3m＝

② 18m＋6m＝

③ 1m＋50cm＝

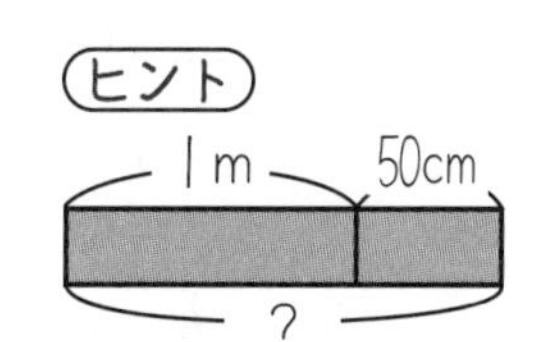

④ 5m40cm＋3m＝

⑤ 7m10cm＋3m50cm＝

2 長さの　計算を　しましょう。

① 70cm＋50cm＝　　m　　cm

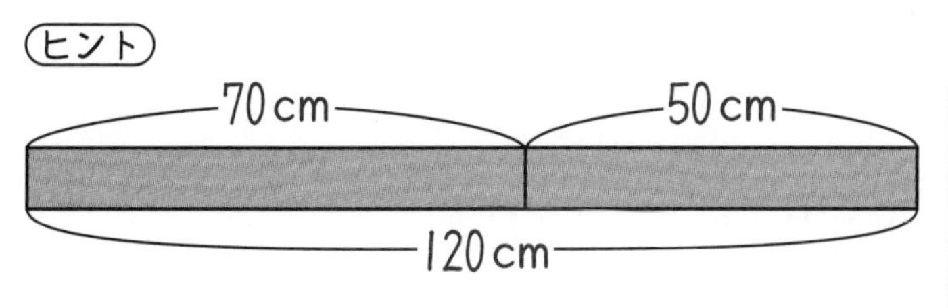

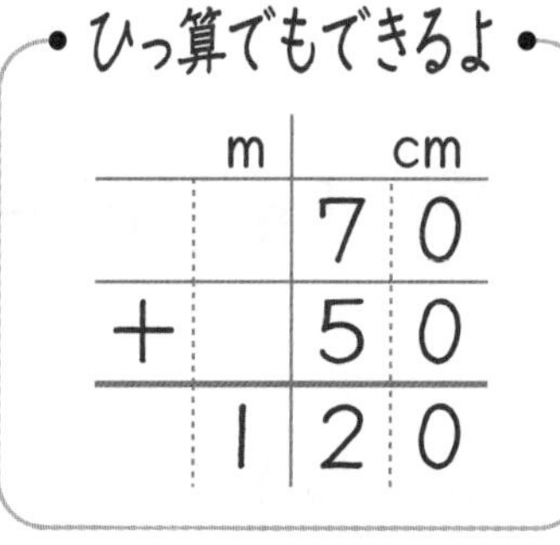

	m	cm	
		7	0
＋		5	0
	1	2	0

② 1m80cm＋35cm

＝

③ 3m70cm＋1m50cm

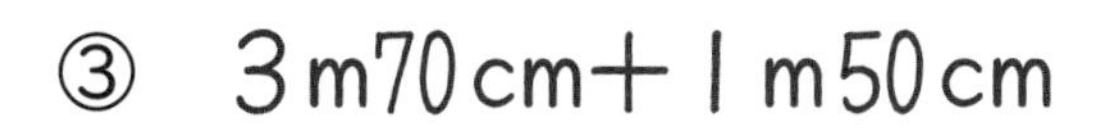

＝

月　　日 名前

長い ものの 長さ ⑤

長さの　計算

長さの　計算を　しましょう。

① 8m－5m＝

② 12m－7m＝

③ 1m－20cm＝　　cm

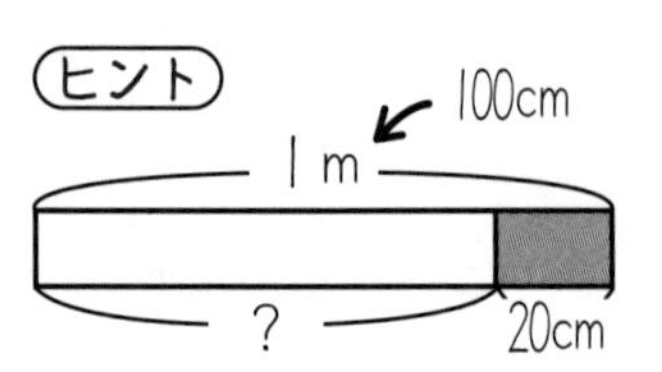

④ 5m30cm－4m＝

⑤ 7m90cm－2m40cm＝

⑥ 3m50cm－40cm＝

⑦ 1m60cm－30cm＝

⑧ 5m90cm－2m20cm＝

⑨ 2m50cm－50cm＝

月　　日 名前

長い ものの 長さ ⑥

いろいろな　もんだい

1　□に　長さの　たんいを　かきましょう。

① 校しゃの　高(たか)さ　8□

② 電池(でんち)の　長さ　5□

③ ノートの　あつさ　4□

④ 黒(こく)ばんの　よこの　長さ　5□

2　4m50cmの　ロープと　3m20cmの　ロープが　あります。

4m50cm

3m20cm

① 合(あ)わせると、ロープの　長さは　どれだけですか。

しき

m	cm

答(こた)え

② ちがいは　どれだけですか。

しき

m	cm

答え

まとめテスト　　月　　日 名前

まとめ ㉑

長い　ものの　長さ

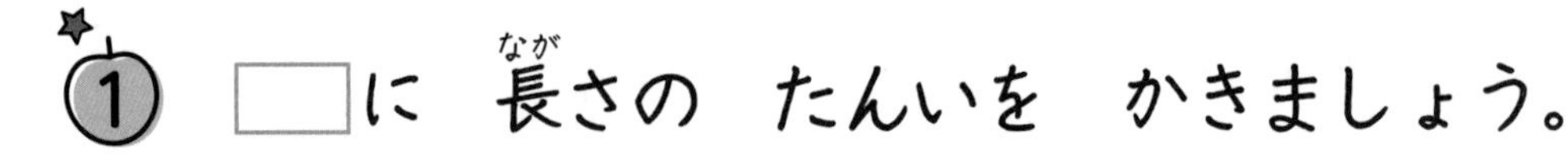

1 □に 長(なが)さの たんいを かきましょう。

（1つ5点／20点）

① えんぴつの　長さ　17 □

② プールの　たての　長さ　25 □

③ ピザの　あつさ　4 □

④ 東京(とうきょう)スカイツリーの　高(たか)さ　634 □

2 □に あてはまる 数(かず)を かきましょう。

（1つ5点／30点）

① 1m＝□cm

② 5m＝□cm

③ 3m40cm＝□cm

④ 2m7cm＝□cm

⑤ 400cm＝□m

⑥ 1m65cm＝□cm

まとめテスト　月　日 名前

まとめ ㉒

長い　ものの　長さ

／50点

① つぎの　計算(けいさん)を　しましょう。

(1つ5点／30点)

① 5m＋3m＝

② 8m＋6m＝

③ 2m40cm＋1m50cm＝

④ 9m－6m＝

⑤ 15m－8m＝

⑥ 4m60cm－1m20cm＝

② 2m50cmの　青い　テープと、1m20cmの　赤い　テープが　あります。

① 2つの　テープを　合(あ)わせると　何m何cmですか。

(10点)

しき

答(こた)え

② ちがいは　何m何cmですか。

(10点)

しき

答え

月　　日 名前

10000までの 数 ①

数の　せいしつ

・は、いくつ　ありますか。

① ▦は、・が　100こ　です。

100の　まとまりは、何(なん)こ　ありますか。

（　　　　　）

② ▦が　10こ　あつまると、

1000（千）です。

1000の　まとまりは、何こ　ありますか。

（　　　　　）

③ つぎの　ひょうに　数(かず)を　かきましょう。

千の くらい	百の くらい	十の くらい	一の くらい

4523を　四千(よんせん)五(ご)百(ひゃく)二(に)十(じゅう)三(さん)と　読(よ)みます。

月　　日 名前

10000までの 数 ②

数の　せいしつ

・は、いくつ　ありますか。

①

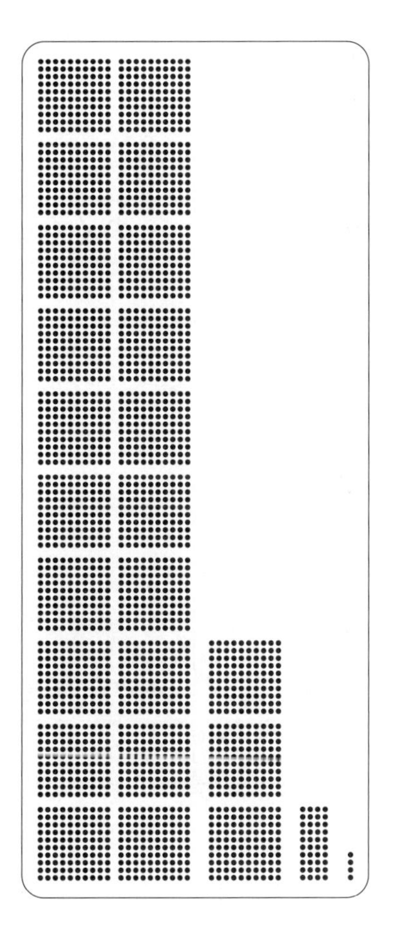

②

千の くらい	百の くらい	十の くらい	一の くらい

読み方（かた）

（　　　　　　　　　　）

千の くらい	百の くらい	十の くらい	一の くらい

読み方

（　　　　　　　　　　）

月　　日 名前

10000までの 数 ③

数の せいしつ

つぎの 数を、(　　)に 数字で かきましょう。

①

1000	100 100	10 10 10	1
千のくらい	百のくらい	十のくらい	一のくらい
1			

(　　　　　　　)

②

1000 1000	100 100 100	10 10 10 10	
千のくらい	百のくらい	十のくらい	一のくらい

(　　　　　　　)

③

1000 1000 1000	100 100 100 100 100 100		1 1
千のくらい	百のくらい	十のくらい	一のくらい

(　　　　　　　)

月　　日 名前

10000までの 数 ④

数の　せいしつ

1 数の　読(よ)み方(かた)を、かん字で　かきましょう。

① 1357
(　　　　　　　　)

② 4000
(　　　　　　　　)

③ 5320
(　　　　　　　　)

④ 3903
(　　　　　　　　)

⑤ 6006
(　　　　　　　　)

2 数字で　かきましょう。

① 千八百七十一

② 三千二百六十八

③ 六千百二十

④ 七千六百五

⑤ 四千九

	千の くらい	百の くらい	十の くらい	一の くらい
①				
②				
③				
④				
⑤				

月　　日 名前

10000までの 数 ⑤

数の　せいしつ

図を　見て　答えましょう。

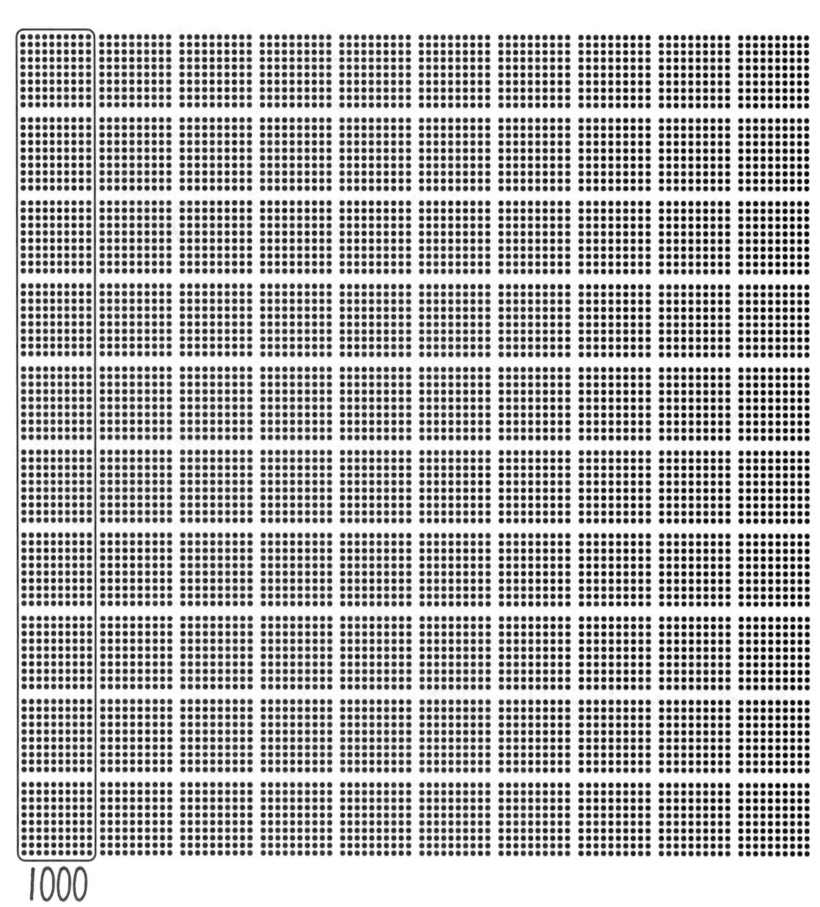

① 1000の　あつまりは、何こ　ありますか。

（　　　　　）こ

千を　10こ　あつめた　数を、一万（10000）と　いいます。

② ・は、何こ　ありますか。　（　　　　　）

③ 9999より　1　大きい　数。　（　　　　　）

月　　日 名前

10000までの 数 ⑥

数の　せいしつ

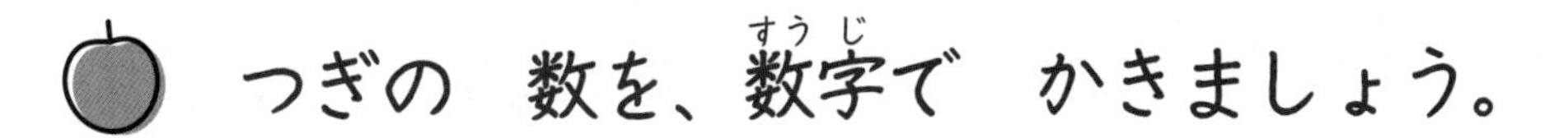

つぎの　数を、数字(すうじ)で　かきましょう。

① 1000を　5こ、100を　3こと、10を　9こと、1を　6こ　合(あ)わせた　数。

② 1000を　7こ、100を　8こと、10を　3こ　合わせた　数。

③ 1000を　6こ、100を　7こ　合わせた　数。

④ 1000を　4こ、10を　5こと、1を　3こ　合わせた　数。

⑤ 1000を　2こ、1を　5こ　合わせた　数。

⑥ 1000を　3こ、10を　1こ　合わせた　数。

⑦ 1000を　10こ　あつめた　数。

月　　日 名前

10000までの 数 ⑦

数の　せいしつ

1 つぎの 数(かず)は、100を 何(なん)こ あつめた 数ですか。

① 400（　　　　）こ　　② 700（　　　　）こ

③ 1000（　　　　）こ　　④ 2000（　　　　）こ

⑤ 3500（　　　　）こ　　⑥ 5200（　　　　）こ

2 （　　）に 数を かきましょう。

① 7832は、1000を（　　　）こ、100を（　　　）こ、10を（　　　）こ、1を（　　　）こ 合(あ)わせた 数。

② 3051は、1000を（　　　）こ、10を（　　　）こ、1を（　　　）こ 合わせた 数。

③ 2004は、1000を（　　　）こ、1を（　　　）こ 合わせた 数。

④ 2900は、1000を（　　　）こ、100を（　　　）こ 合わせた 数。

⑤ 8060は、1000を（　　　）こ、10を（　　　）こ 合わせた 数。

10000までの 数 ⑧

数の　せいしつ

1

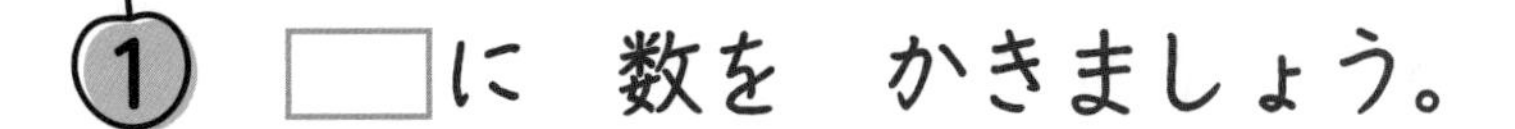

□に　数を　かきましょう。

①

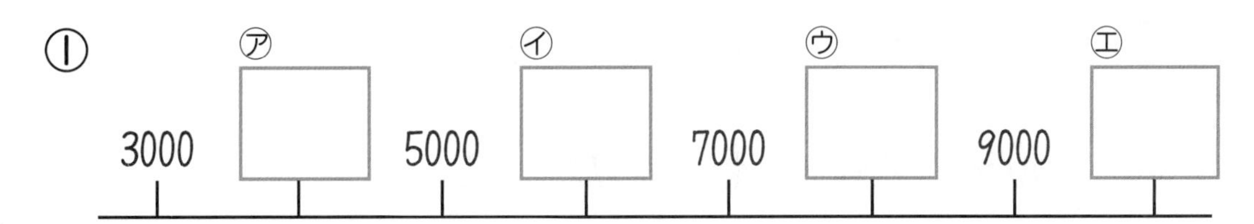

②

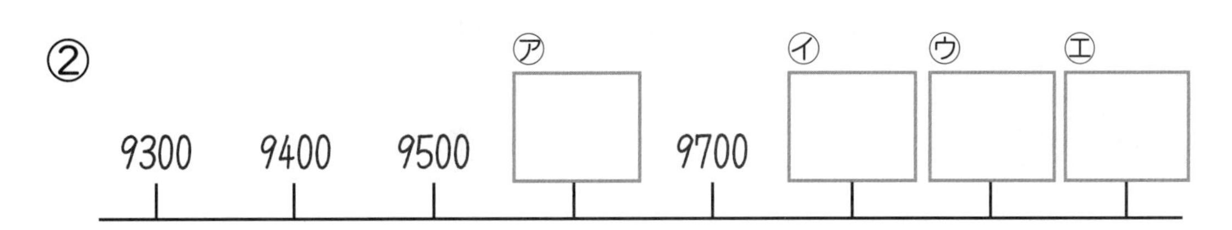

③

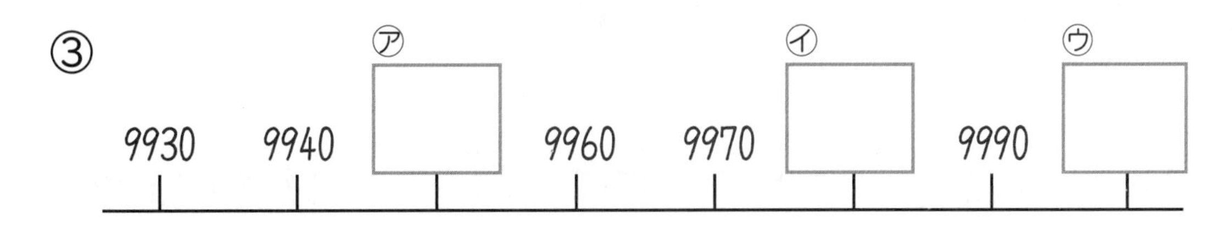

④

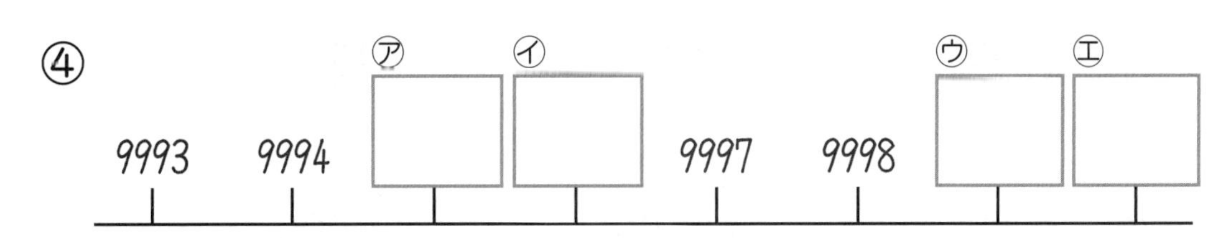

2

つぎの　数を　かきましょう。

① 8990より　10　大きい　数。（　　　　）

② 9999より　1　大きい　数。（　　　　）

③ 10000より　1　小さい　数。（　　　　）

月　　日 名前

10000までの 数 ⑨

数の　せいしつ

1 つぎの　数(かず)は　いくつですか。

① 10を　15こ　あつめた　数。（　　　　　）

② 100を　23こ　あつめた　数。（　　　　　）

③ 100を　54こ　あつめた　数。（　　　　　）

④ 1000を　7こ　あつめた　数。（　　　　　）

⑤ 1000を　10こ　あつめた　数。（　　　　　）

2 いちばん　大きな　数に、○を　つけましょう。

① 1235　　1205　　1230

② 6007　　7600　　7006

③ 5100　　5010　　5001

④ 999　　1001　　1010

⑤ 9090　　10000　　9900

月　　日 名前

10000までの 数 ⑩

大きな 数の 計算

つぎの 計算(けいさん)を しましょう。

・お金で 考(かんが)えると・

① 600＋700＝

② 1300－800＝

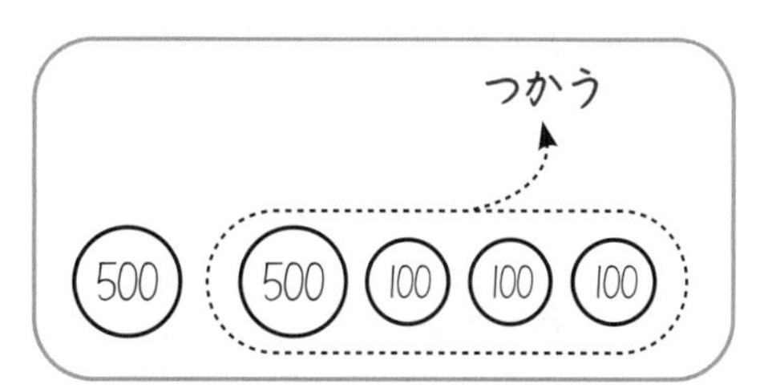

③ 5000＋4000＝

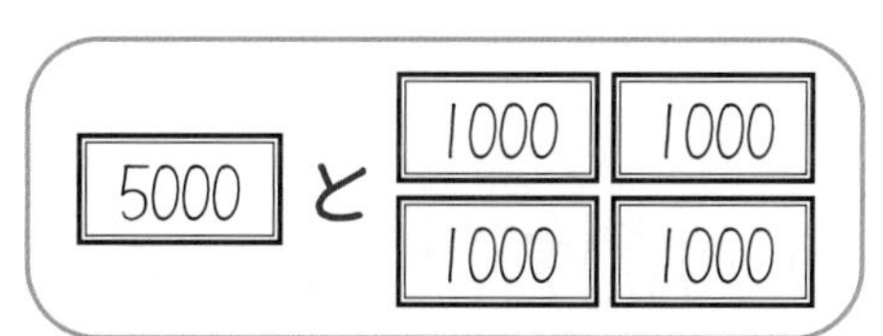

④ 9000－2000＝

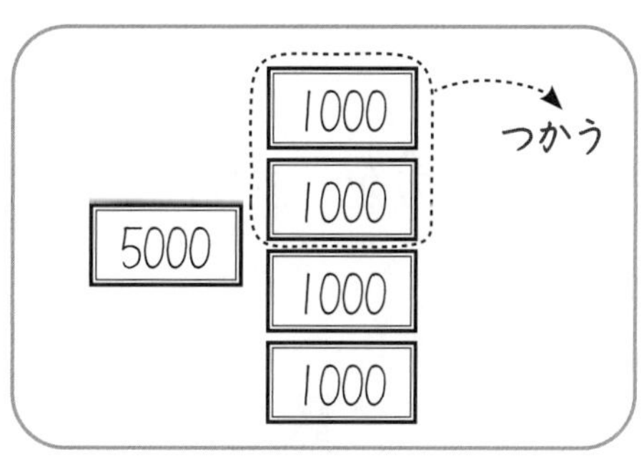

⑤ 10000－3000＝

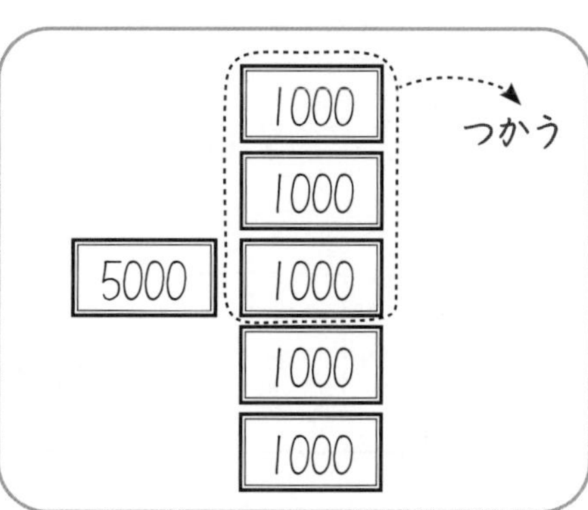

⑥ 5000＋5000＝

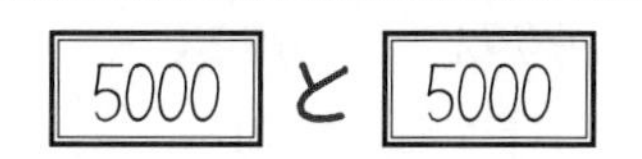

まとめテスト

月　　日 名前

まとめ ㉓

10000までの　数

1 つぎの　数（かず）を　かきましょう。

（1つ5点／25点）

① 1000を　2こと　100を　6こと　10を　3こと　1を　4こ　合（あ）わせた　数。（　　　　）

② 1000を　3こと　100を　5こ、1を　7こ　合わせた　数。（　　　　）

③ 1000を　5こと　1を　8こ　合わせた　数。（　　　　）

④ 100を　36こ　あつめた　数。（　　　　）

⑤ 1000を　10こ　あつめた　数。（　　　　）

2 □に　数を　かきましょう。

（□1つ5点／25点）

① 9000　9100　9200　□　9400　9500　9600

② 9940　□　9960　9970　9980　□　10000

③ 9994　9995　9996　□　9998　□　10000

まとめテスト　　月　　日 名前

まとめ ㉔

10000までの　数

1 □に　あてはまる　＞ ＜を　かきましょう。

（1つ2点／20点）

① 654 □ 1298　　② 3654 □ 3798

③ 1010 □ 1101　　④ 8808 □ 8088

⑤ 7987 □ 7897　　⑥ 6652 □ 6651

⑦ 4876 □ 4879　　⑧ 5628 □ 5630

⑨ 9999 □ 9998　　⑩ 10000 □ 9999

2 つぎの　計算（けいさん）を　しましょう。

（1つ5点／30点）

① 500＋900＝

② 800＋700＝

③ 3000＋2000＝

④ 600－200＝

⑤ 1000－300＝

⑥ 5000－2000＝

月　　日 名前

分数①

分数とは

1 テープを　同じ　長さに　２つに　分けました。

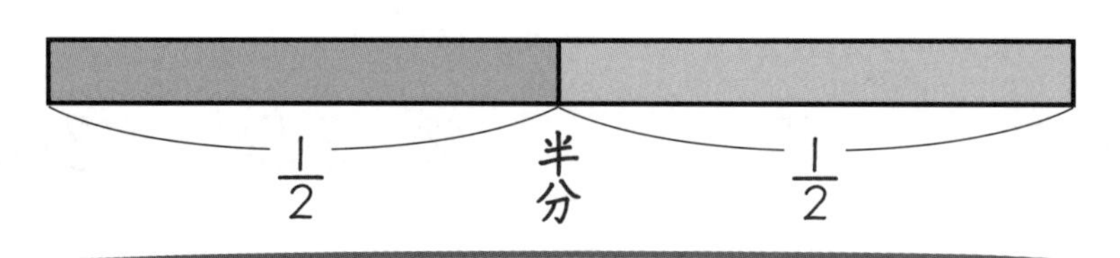

２つに　分けた　１つ分を、もとの　長さの　二分の一と　いい、$\frac{1}{2}$と　かきます。このような　数を、分数といいます。

$\frac{1}{2}$ …③ …① …②

① $\frac{1}{2}$を　また　半分に　しました。

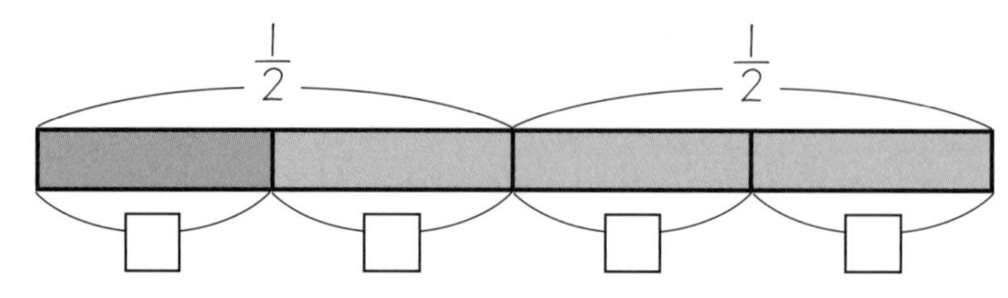

□の　大きさを　分数で　かきましょう。

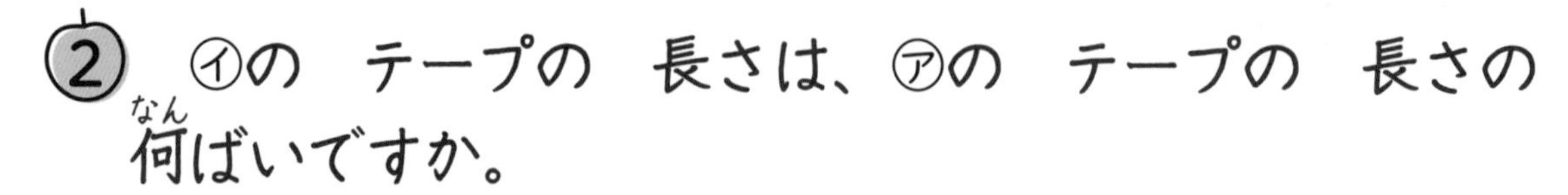

2 ㋑の　テープの　長さは、㋐の　テープの　長さの　何ばいですか。

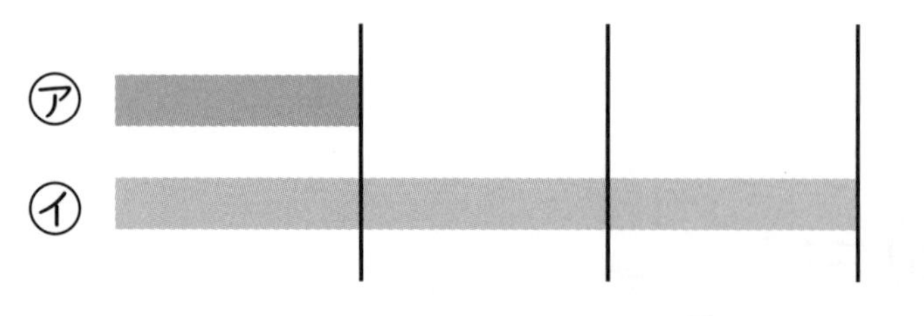

（　　　ばい）

月　　日 名前

分数②

分数とは

1 おり紙(がみ)を、同じ　大きさに　分けました。

① 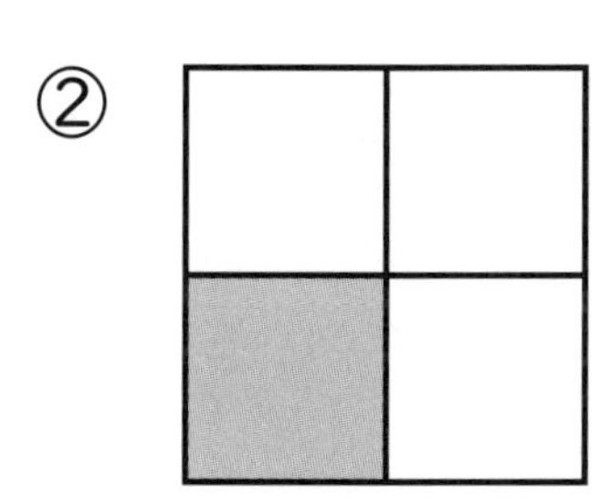

$\frac{1}{2}$の　大きさに、色を　ぬりましょう。

② たてに　線(せん)を　ひいて、①を　また　半分に　しました。■の　大きさを、分数で　あらわしましょう。

(　　　　)

2 □を　下の　ように　同じ　大きさに　分けました。１つ分は、もとの　大きさの何分の一ですか。

①　(　　　　)

②　(　　　　)

③ 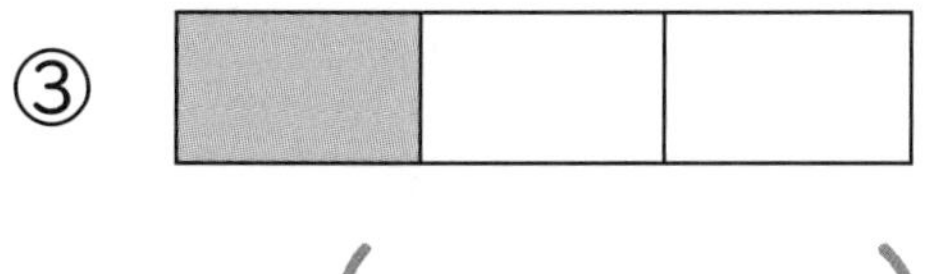

(　　　　)

④　(　　　　)

月　　日 名前

たすのかな・ひくのかな ①

テープ図

① 子どもが　あそんでいます。はじめに　あそんでいた　子どものうち　10人が　帰(かえ)って　しまったので　15人に　なりました。はじめ、子どもは　何人(なんにん)あそんで　いましたか。

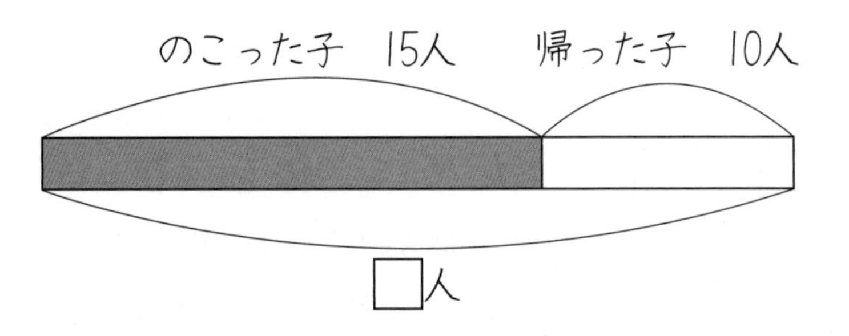

しき

答(こた)え ＿＿＿＿＿＿＿＿

② 公園(こうえん)で　36わの　ハトが　えさを　食(た)べていました。人が　よこを　通(とお)ったので　14わが　のこりました。にげた　ハトは　何わですか。

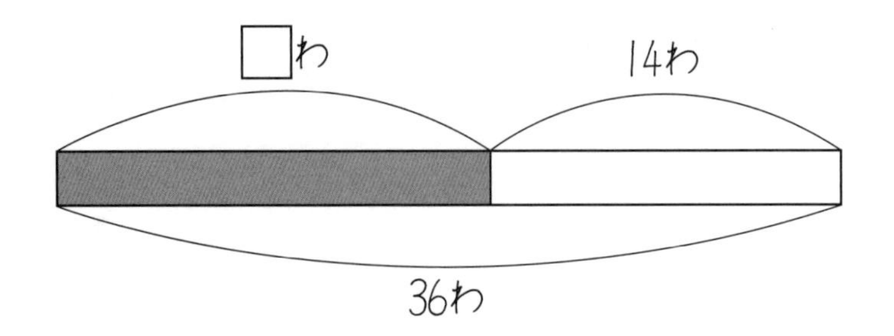

しき

答え ＿＿＿＿＿＿＿＿

月　　日 名前

たすのかな・ひくのかな ②
テープ図

① としおさんは　えんぴつを　８本　もって　いました。ともだちから　何本か　もらったので　14本に　なりました。何本　もらいましたか。

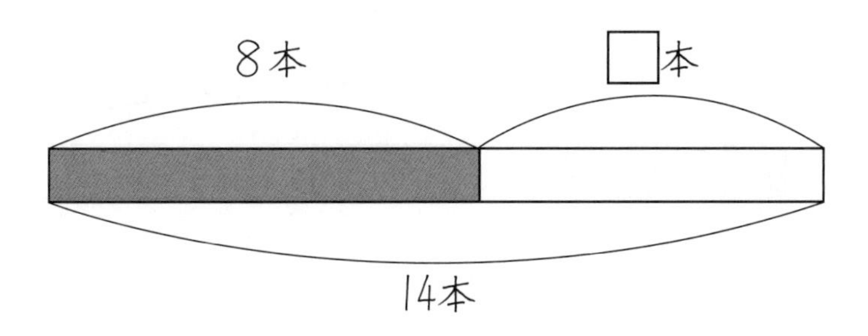

しき

答え

② 赤い　チューリップの　花が　18本　さきました。
　白い　チューリップの　花は、赤い　花より　７本　多(おお)く　さきました。白い　チューリップの　花は　何本　さきましたか。

18本
赤
7本
白

しき

答え

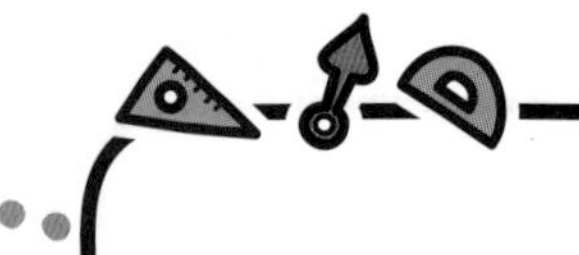

たすのかな・ひくのかな ③

テープ図

① きのう、チューリップの　花が　12本　さきました。きょうは、22本　さきました。チューリップの花は　何本（なんぼん）　ふえましたか。

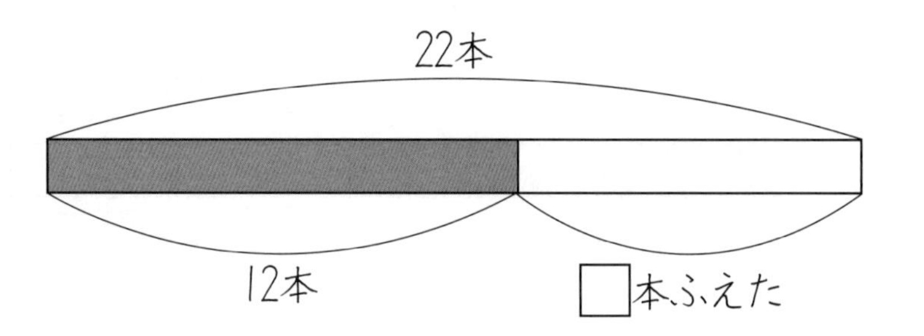

しき

答（こた）え

② 子どもに　えんぴつを　20本　くばりました。
　のこりの　えんぴつは　16本です。えんぴつははじめ　何本　ありましたか。

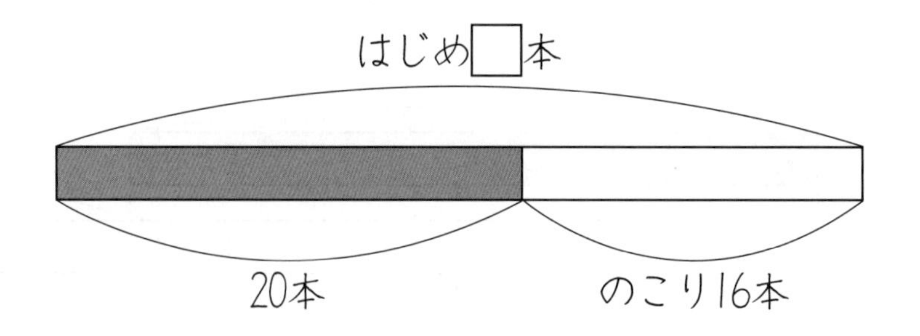

しき

答え

月　　日 名前

たすのかな・ひくのかな ④

テープ図

① どんぐりを　ぼくは　20こ　ひろいました。姉（あね）は　ぼくより　7こ　多（おお）く　ひろいました。姉は　どんぐりを　何こ　ひろいましたか。

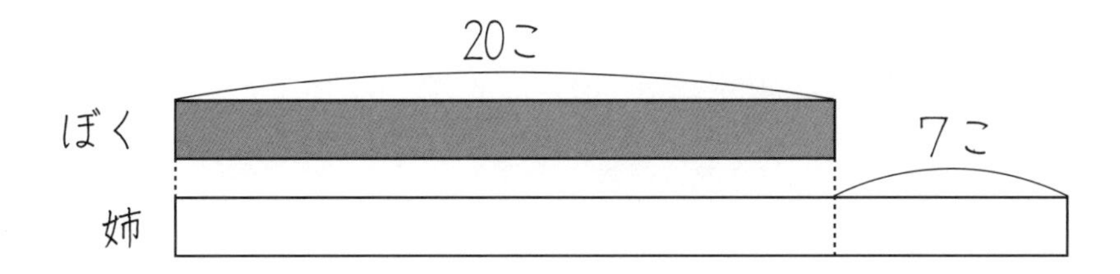

しき

答え

② 1組（くみ）は、28人　います。1組は、2組より　2人　少（すく）ないそうです。2組は　何人ですか。

28人
1組
2人
2組

しき

答え

初級算数習熟プリント　小学2年生

2023年２月20日　第１刷　発行

著　者　金井（かない）　敬之（のりゆき）

発行者　面屋　洋

企　画　フォーラム・A

発行所　清風堂書店

〒530-0057　大阪市北区曽根崎２-11-16

TEL 06-6316-1460／FAX 06-6365-5607

振替　00920-6-119910

制作編集担当　蒔田　司郎

表紙デザイン　ウエナカデザイン事務所

※乱丁・落丁本はおとりかえいたします。

学力の基礎をきたえどの子も伸ばす研究会

HPアドレス　http://gakuryoku.info/

常任委員長　岸本ひとみ
事務局　〒675-0032 加古川市加古川町備後 178－1－2－102 岸本ひとみ方 ☎・Fax 0794－26－5133

① めざすもの

私たちは、すべての子どもたちが、日本国憲法と子どもの権利条約の精神に基づき、確かな学力の形成を通して豊かな人格の発達が保障され、民主平和の日本の主権者として成長することを願っています。しかし、発達の基盤ともいうべき学力の基礎を鍛えられないまま落ちこぼれている子どもたちが普遍化し、「荒れ」の情況があちこちで出てきています。

私たちは、「見える学力、見えない学力」を共に養うこと、すなわち、基礎の学習をやり遂げさせることと、読書やいろいろな体験を積むことを通して、子どもたちが「自信と誇りとやる気」を持てるようになると考えています。

私たちは、人格の発達が歪められている情況の中で、それを克服し、子どもたちが豊かに成長するような実践に挑戦します。

そのために、つぎのような研究と活動を進めていきます。

① 「読み・書き・計算」を基軸とした学力の基礎をきたえる実践の創造と普及。
② 豊かで確かな学力づくりと子どもを励ます指導と評価の探究。
③ 特別な力量や経験がなくても、その気になれば「いつでも・どこでも・だれでも」ができる実践の普及。
④ 子どもの発達を軸とした父母・国民・他の民間教育団体との協力、共同。

私たちの実践が、大多数の教職員や父母・国民の方々に支持され、大きな教育運動になるよう地道な努力を継続していきます。

② 会　　員

- 本会の「めざすもの」を認め、会費を納入する人は、会員になることができる。
- 会費は、年 4000 円とし、7月末までに納入すること。①または②

①郵便振替　口座番号　00920－9－319769
　名　　称　学力の基礎をきたえどの子も伸ばす研究会

②ゆうちょ銀行
　店番099　店名〇九九店（ゼロキュウキュウ）　当座0319769

- 特典　研究会をする場合、講師派遣の補助を受けることができる。
　大会参加費の割引を受けることができる。
　学力研ニュース、研究会などの案内を無料で送付してもらうことができる。
　自分の実践を学力研ニュースなどに発表することができる。
　研究の部会を作り、会場費などの補助を受けることができる。
　地域サークルを作り、会場費の補助を受けることができる。

③ 活　　動

全国家庭塾連絡会と協力して以下の活動を行う。

- 全 国 大 会　全国の研究、実践の交流、深化をはかる場とし、年１回開催する。通常、夏に行う。
- 地域別集会　地域の研究、実践の交流、深化をはかる場とし、年１回開催する。
- 合宿研究会　研究、実践をさらに深化するために行う。
- 地域サークル　日常の研究、実践の交流、深化の場であり、本会の基本活動である。
  可能な限り月１回の月例会を行う。
- 全国キャラバン　地域の要請に基づいて講師派遣をする。

全国家庭塾連絡会

① めざすもの

私たちは、日本国憲法と子どもの権利条約の精神に基づき、すべての子どもたちが確かな学力と豊かな人格を身につけて、わが国の主権者として成長することを願っています。しかし、わが子も含めて、能力があるにもかかわらず、必要な学力が身につかないままになっている子どもたちがたくさんいることに心を痛めています。

私たちは学力研が追究している教育活動に学びながら、「全国家庭塾連絡会」を結成しました。

この会は、わが子に家庭学習の習慣化を促すことを主な活動内容とする家庭塾運動の交流と普及を目的としています。

私たちの試みが、多くの父母や教職員、市民の方々に支持され、地域に根ざした大きな運動になるよう学力研と連携しながら努力を継続していきます。

② 会　　員

本会の「めざすもの」を認め、会費を納入する人は会員になれる。
会費は年額 1500 円とし（団体加入は年額 3000 円）、7月末までに納入する。
会員は会報や連絡交流会の案内、学力研集会の情報などをもらえる。

事務局　〒564-0041　大阪府吹田市泉町４－29－13　影浦邦子方　☎・Fax 06－6380－0420
郵便振替　口座番号　00900－1－109969　　名称　全国家庭塾連絡会

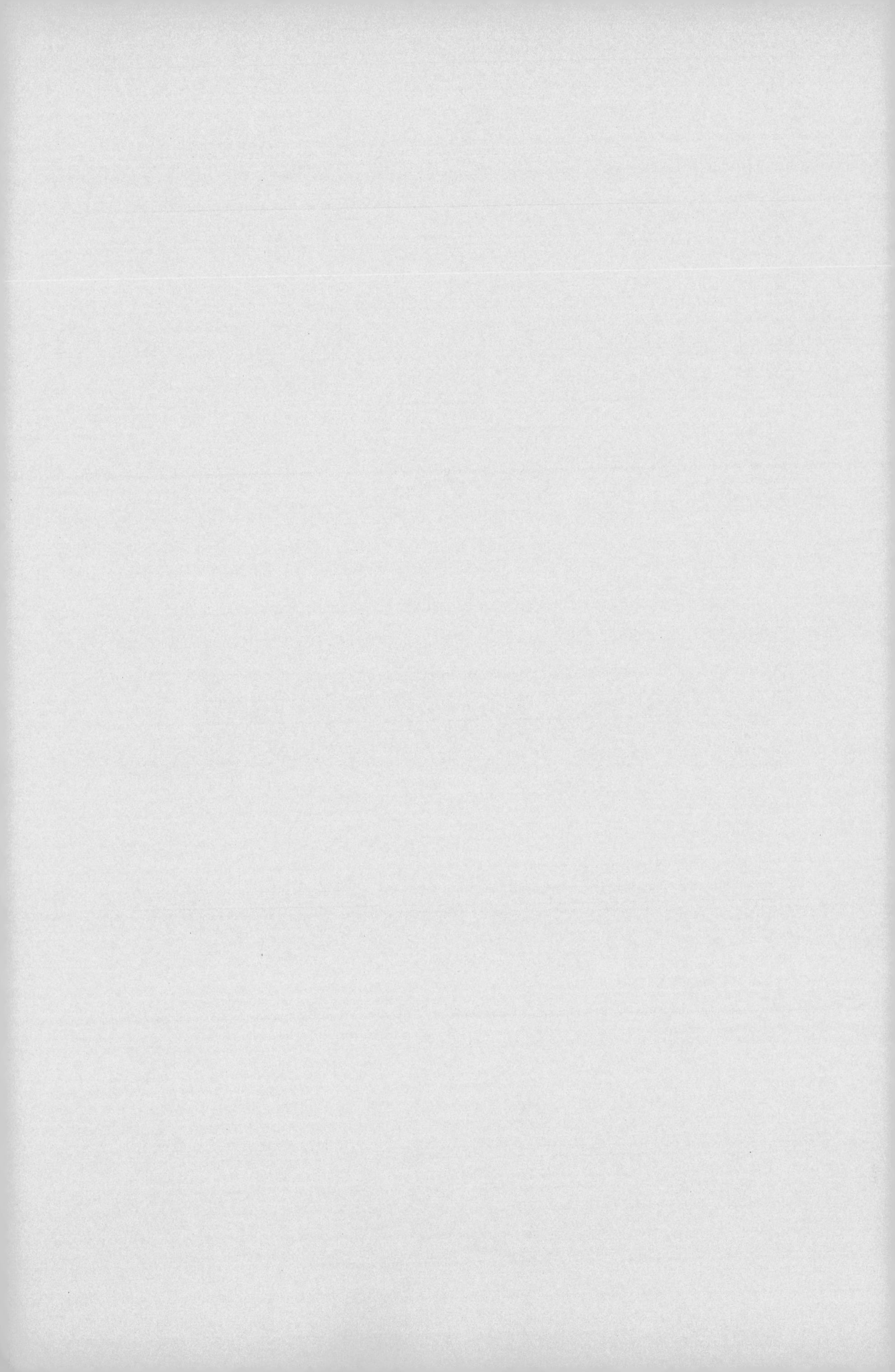

初級
算数2年生
習熟プリント
答え

月　日 名前

ひょうと グラフ ①

ひょうに する

● どうぶつの 数を ひょうに かきましょう。

どうぶつ	うさぎ	う ま	ぞ う	ひつじ	キリン
数(ひき)	8	5	4	3	1

月　日 名前

ひょうと グラフ ②

グラフに あらわす

① ひだりの ひょうの どうぶつの 数を 見て、グラフに ○で あらわしましょう。

どうぶつの 数

○				
○				
○				
○	○			
○	○	○		
○	○	○	○	
○	○	○	○	
○	○	○	○	○
うさぎ	うま	ぞう	ひつじ	キリン

② グラフを 見て 答えましょう。

① いちばん 多い どうぶつは 何ですか。

（ うさぎ ）

② いちばん 少ない どうぶつは 何ですか。

（ キリン ）

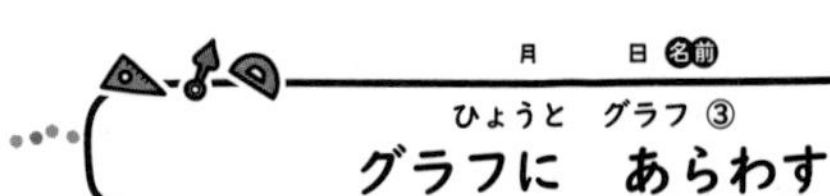

月　日 名前

ひょうと グラフ ③

グラフに あらわす

● 2年1組で、すきな こん虫しらべを しました。

① ひょうを 見て、グラフに ○で あらわしましょう。

すきな こん虫

こん虫	カマキリ	バッタ	カブトムシ	クワガタ	チョウ	トンボ	セ ミ
人数(人)	4	5	6	5	2	3	1

（ すきな こん虫 ）

		○				
	○	○	○			
○	○	○	○			
○	○	○	○		○	
○	○	○	○	○	○	
○	○	○	○	○	○	○
カマキリ	バッタ	カブトムシ	クワガタ	チョウ	トンボ	セミ

② グラフの だいを かきましょう。

③ すきな 人の 数が いちばん 多い こん虫は 何ですか。

（ カブトムシ ）

④ すきな 人の 数が 同じ こん虫は、何と 何ですか。

（ バッタ ）

（ クワガタ ）

月　日 名前

ひょうと グラフ ④

グラフを 読む

● 公園に 来た ミニどうぶつ園の どうぶつの 数を グラフに しました。

どうぶつの 数

○				
○			○	
○			○	
○			○	
○	○		○	
○	○	○	○	
○	○	○	○	○
うさぎ	ひつじ	やぎ	にわとり	ろば

① ひょうに 数を かきましょう。

どうぶつ	うさぎ	ひつじ	や ぎ	にわとり	ろ ば
数(ひき)	7	3	2	6	1

② ひょうの だいは 何ですか。

（ どうぶつの 数 ）

③ いちばん たくさん いる どうぶつは 何ですか。

（ うさぎ ）

④ 2ばん目に 多い どうぶつは 何ですか。

（ にわとり ）

⑤ いちばん 少ない どうぶつは 何ですか。

（ ろば ）

まとめテスト　月　日 名前

まとめ ①
ひょうと　グラフ
/50点

2年2組で、すきな　くだものを　しらべました。

① ひょうを　見て、グラフに　○で　あらわしましょう。（グラフ1つ4点／20点）

すきな　くだもの

くだもの	バナナ	ぶどう	みかん	メロン	りんご
人数(人)	6	4	3	7	5

（すきな　くだもの）

			○	
○			○	
○			○	○
○	○		○	○
○	○	○	○	○
○	○	○	○	○
○	○	○	○	○
バナナ	ぶどう	みかん	メロン	りんご

② グラフの　だいを　かきましょう。（10点）

③ すきな　人が　いちばん　多い　くだものは　何ですか。（10点）
（　メロン　）

④ すきな　人が　いちばん　少ない　くだものは　何ですか。（10点）
（　みかん　）

まとめテスト　月　日 名前

まとめ ②
ひょうと　グラフ
/50点

2年1組で、すきな　ゆうぐを　しらべて　グラフに　しました。

すきな　ゆうぐ

		○			
		○	○		
		○	○		
○		○	○		
○		○	○	○	
○		○	○	○	○
○	○	○	○	○	○
○	○	○	○	○	○
すべり台	のぼりぼう	ジャングルジム	ブランコ	うんてい	てつぼう

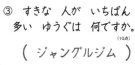

① グラフの　だいは　何ですか。（10点）
（　すきな　ゆうぐ　）

② すきな　人の　人数を　かきましょう。（1つ5点／30点）

㋐ すべり台（　5　）人
㋑ のぼりぼう（　2　）人
㋒ ジャングルジム（　8　）人
㋓ ブランコ（　7　）人
㋔ うんてい（　4　）人
㋕ てつぼう（　3　）人

③ すきな　人が　いちばん　多い　ゆうぐは　何ですか。（10点）
（　ジャングルジム　）

月　日 名前

時こくと　時間 ①
おぼえて　いるかな

1 時計を　読みましょう。

①（　4時　）　②（　7時　）　③（　10時　）

④（　3時半　）　⑤（　5時半　）　⑥（　12時半　）

2 時計の　はりを　かきましょう。

① 9時　② 1時半　③ 11時

月　日 名前

時こくと　時間 ②
おぼえて　いるかな

1 時計を　読みましょう。

①（　5時15分　）　②（　9時40分　）　③（　11時55分　）

④（　3時12分　）　⑤（　6時36分　）　⑥（　10時58分　）

2 時計の　はりを　かきましょう。

① 4時52分　② 2時6分　③ 8時27分

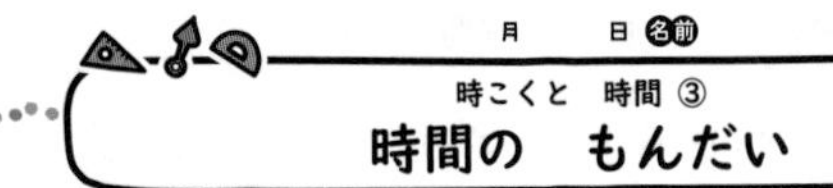

月　日 名前

時こくと　時間 ③

時間の　もんだい

時こくと　時間について　考えましょう。

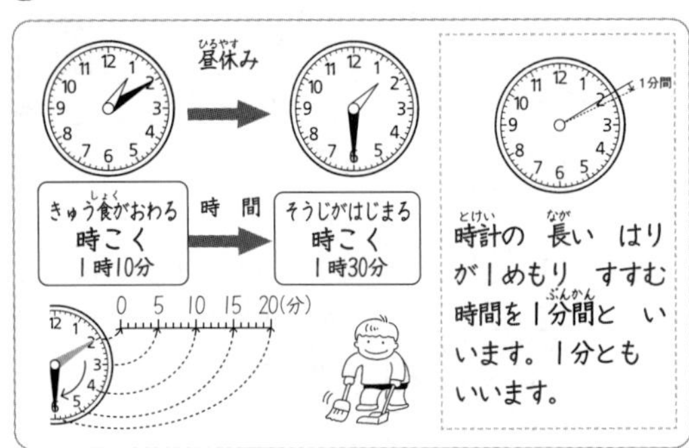

時計の　長い　はりが1めもり　すすむ時間を1分間と　いいます。1分とも　いいます。

① 昼休みの　時間は　何分間ですか。上の　図を見て　かきましょう。

1時10分から　1時30分までの　時間（ 20　分間 ）

② そうじの　時間は、何分間ですか。

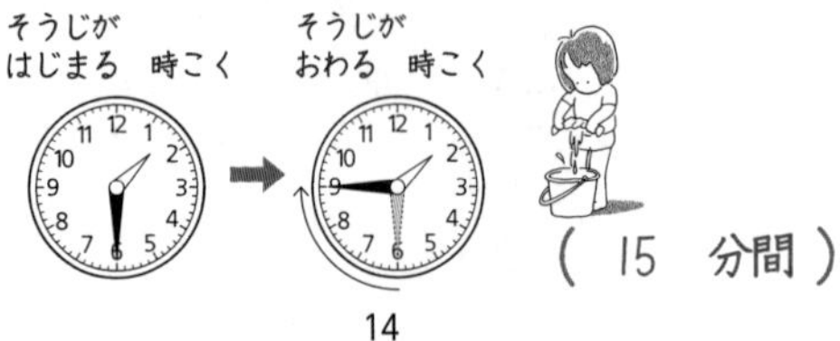

（ 15　分間 ）

月　日 名前

時こくと　時間 ④

時間の　もんだい

つぎの　時間は、何分間ですか。

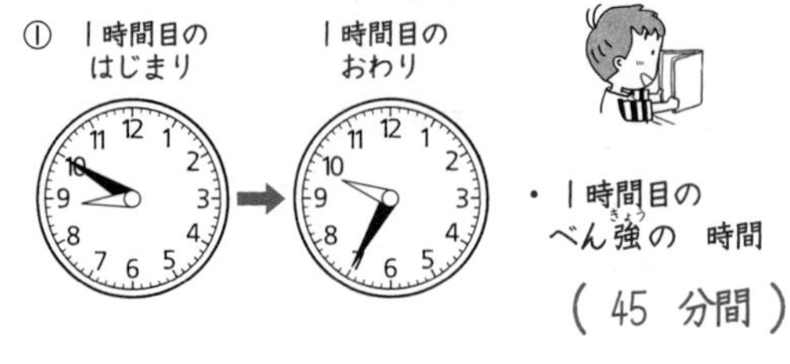

・1時間目の　べん強の　時間

（ 45　分間 ）

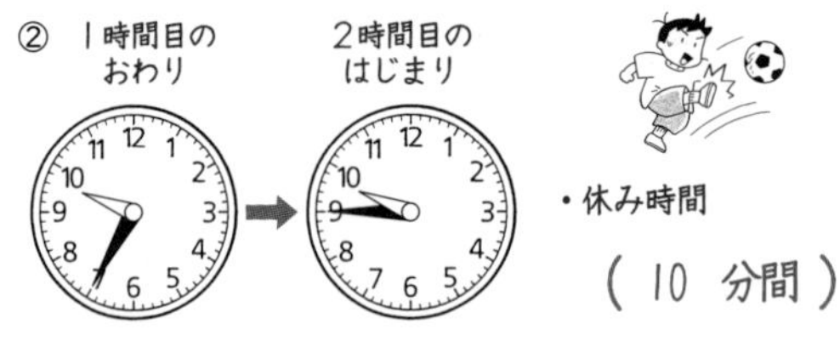

・休み時間

（ 10　分間 ）

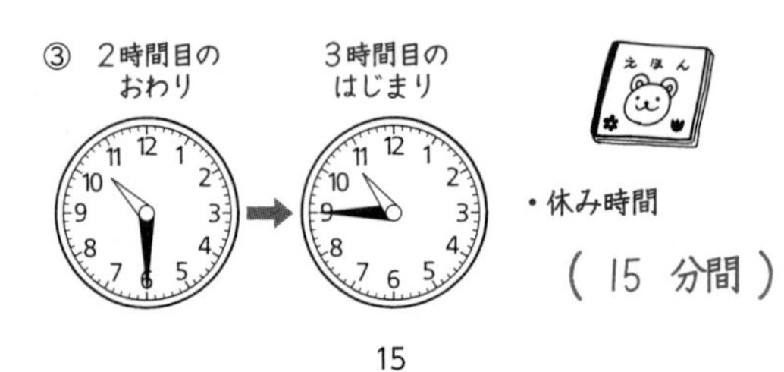

・休み時間

（ 15　分間 ）

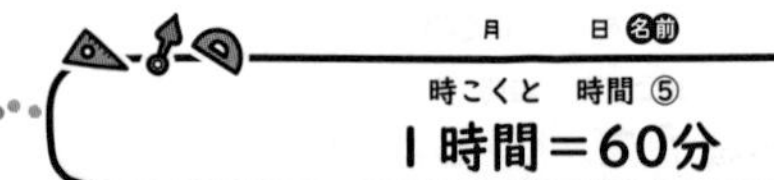

月　日 名前

時こくと　時間 ⑤

1時間＝60分

① 3時から　4時の　間に、長い　はりが　1回りしました。時間は　何分間ですか。

（ 60　分間 ）

長い　はりが　1回りする　時間は、1時間。

1時間＝60分間（※60分間の　ことを　60分とも　いう。）

② 何時間　たちましたか（みじかい　はりは、1時間で　数字の　めもり　1つ分　うごきます）。

①

（ 2　時間 ）

②

（ 2　時間 ）

③

（ 3　時間 ）

月　日 名前

時こくと　時間 ⑥

時間の　もんだい

何時間　たちましたか。

① 学校を出ぱつした時こく（遠足）　学校に帰った時こく

・遠足に　行っていた　時間

（ 6　時間 ）

② 野きゅうのれんしゅうをはじめた時こく　野きゅうのれんしゅうがおわった時こく

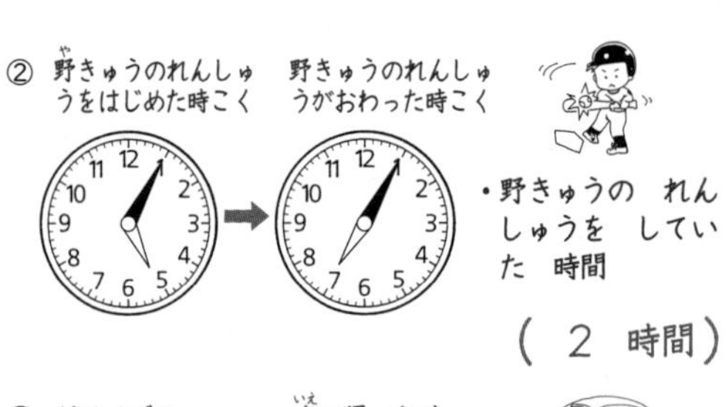

・野きゅうの　れんしゅうを　していた　時間

（ 2　時間 ）

③ ドライブに出かけた時こく　家に帰った時こく

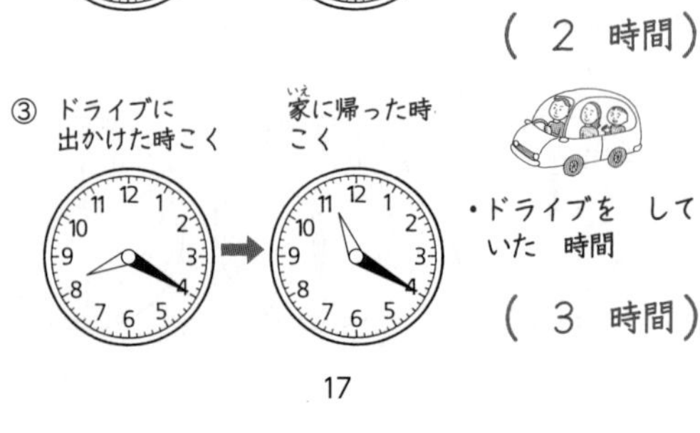

・ドライブを　していた　時間

（ 3　時間 ）

月　日 名前

時こくと　時間 ⑦

午前と　午後

昼の　12時までを　午前、夜の　12時までを　午後と　いいます。

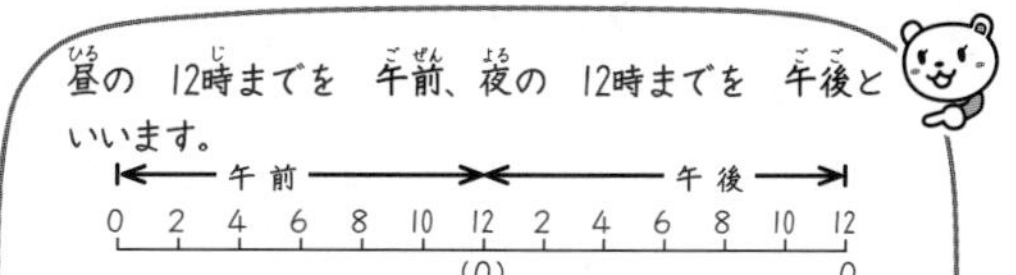

午前は　12時間、午後は　12時間　あります。

時計の　みじかい　はりが　1回りする　時間は、12時間です。　1日＝24時間

● つぎの　時計が　さして　いる　時こくを、午前か　午後を　入れて、かきましょう。

① 朝の読書

（午前8時30分）

② 1時間目

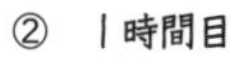

（午前8時50分）

③ 5時間目の　はじまり

（午後1時50分）

④ 家に　ついた

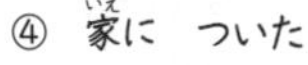

（　午後3時　）

月　日 名前

時こくと　時間 ⑧

時こくの　もんだい

昼の　12時を　正午と　いいます。正午を　すぎると、午後です。

左の　時こくは、午後0時15分です。

● つぎの　時こくを、午前・午後を　つけて　かきましょう。

正　午

1時間前　① （午前11時） ←　→ （午後1時）　1時間後

午　前

1時間30分前　② （午前6時） ←　→ （午前9時）　1時間30分後

午　後

30分前　③ （午後8時50分） ←　→ （午後10時10分）　50分後

月　日 名前

時こくと　時間 ⑨

時こくの　もんだい

① 今、午前10時10分です。20分　たつと、何時何分ですか。

しき　10時10分＋20分＝10時30分

答え　午前10時30分

② 学校を　午後2時30分に　出て、20分後に　家に　つきました。家に　ついたのは、何時何分ですか。

しき　2時30分＋20分＝2時50分

答え　午後2時50分

③ プールに　行くのに、家を　午後3時15分に　出ました。プールまでは、40分　かかります。何時何分に　つきますか。

しき　3時15分＋40分＝3時55分

答え　午後3時55分

月　日 名前

時こくと　時間 ⑩

時こくの　もんだい

① 今、午前9時50分です。30分前は、何時何分ですか。

しき　9時50分－30分＝9時20分

答え　午前9時20分

② 20分間　さん歩に　行きました。帰ってきたのは午後5時50分でした。出かけたのは、何時何分ですか。

しき　5時50分－20分＝5時30分

答え　午後5時30分

③ 夕食を　食べおわったのが、午後7時55分でした。
食じに　かかった　時間は　30分です。夕食を食べはじめたのは、何時何分ですか。

しき　7時55分－30分＝7時25分

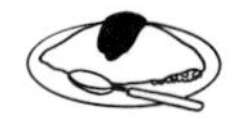

答え　午後7時25分

まとめテスト　月　日 名前

まとめ ③
時こくと　時間
/50点

1 □に あてはまる 数を かきましょう。 (1つ10点／20点)

① 1時間 ＝ 60 分　② 1日 ＝ 24 時間

2 ( )に あてはまる ことばを □から えらんで かきましょう。 (1つ10点／20点)

ひなたさんは 午前8時に 家を 出て 午前8時15分に 学校へ つきました。

① 家を 出た (時こく)は 午前8時です。
② かかった (時間)は 15分間です。

時こく　時間

3 つぎの 時間を もとめましょう。 (10点)

午後9時から
午後11時30分　(2時間30分)

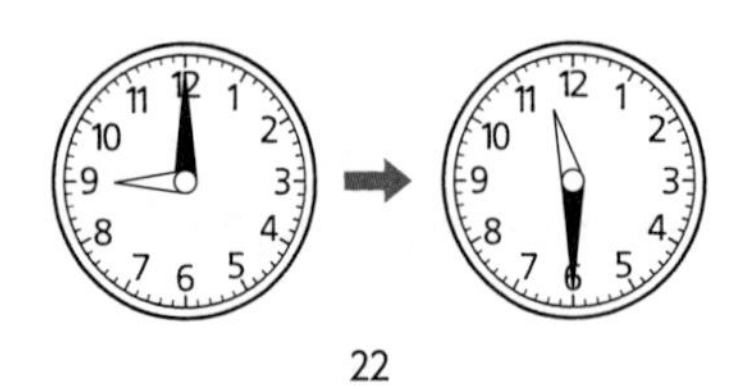

まとめテスト　月　日 名前

まとめ ④
時こくと　時間
/50点

1 つぎの 時こくを 午前・午後を つけて かきましょう。 (1つ10点／20点)

① 朝　② 夜

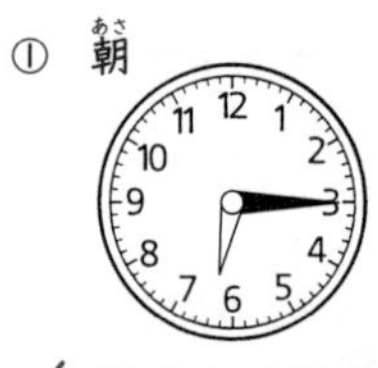

(午前6時15分)　(午後8時36分)

2 今 午後1時50分です。つぎの 時こくを かきましょう。 (1つ10点／20点)

① 30分後の 時こく
(午後2時20分)
② 40分前の 時こく
(午後1時10分)

3 午後3時20分に しゅくだいを はじめて 30分間で おわりました。おわった 時こくは 何時何分ですか。 (10点)

しき 3時20分＋30分＝3時50分
(午後3時50分)

月　日 名前

たし算の ひっ算 ①
おぼえて いるかな

1 つぎの 計算を しましょう。

① 4＋3＝7　② 7＋3＝10
③ 9＋4＝13　④ 5＋8＝13
⑤ 7＋6＝13　⑥ 5＋9＝14
⑦ 10＋4＝14　⑧ 12＋3＝15
⑨ 14＋5＝19　⑩ 16＋2＝18
⑪ 11＋3＝14　⑫ 12＋1＝13

2 わたしが 8こ、妹が 7こ いちごを 食べました。あわせて 何こ 食べましたか。

しき 8＋7＝15

答え 15こ

月　日 名前

たし算の ひっ算 ②
おぼえて いるかな

つぎの 計算を しましょう。

① 7＋4＝11　② 3＋8＝11
③ 9＋7＝16　④ 7＋5＝12
⑤ 4＋8＝12　⑥ 5＋7＝12
⑦ 8＋8＝16　⑧ 4＋9＝13
⑨ 7＋7＝14　⑩ 9＋5＝14
⑪ 8＋7＝15　⑫ 2＋9＝11
⑬ 8＋9＝17　⑭ 9＋2＝11
⑮ 8＋4＝12　⑯ 9＋8＝17
⑰ 5＋8＝13　⑱ 4＋7＝11

月　日 名前

たし算の　ひっ算 ③

2けた＋2けた（くり上がりなし）

25＋13を　ひっ算（さん）で　しましょう。

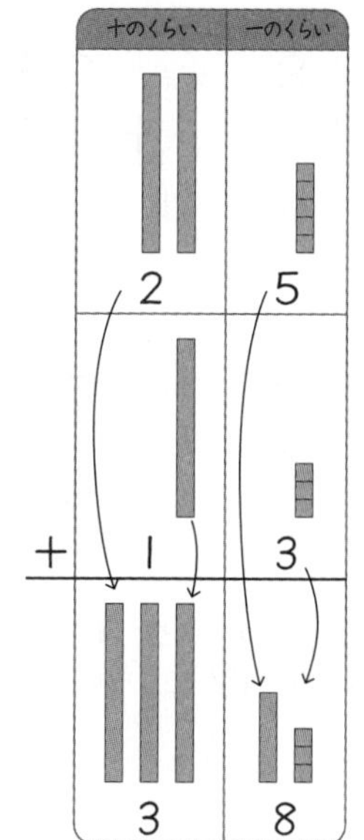

① ひっ算は、くらいを　そろえて　かきます。

	2	5
＋	1	3

② はじめに、一のくらいの　計算（けいさん）を　します。

5＋3＝8

	2	5
＋	1	3
		8

③ つぎに、十のくらいの　計算を　します。

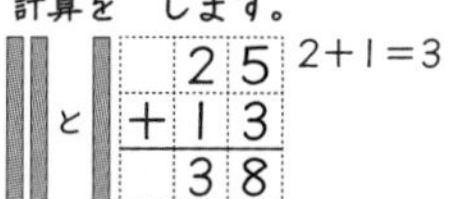

2＋1＝3

	2	5
＋	1	3
	3	8

④ じゅんばんに　気を　つけて　なぞりましょう。

	2	5
＋	1	3
	3	8

月　日 名前

たし算の　ひっ算 ④

2けた＋2けた（くり上がりなし）

つぎの　計算を　しましょう。

① 73＋14＝87

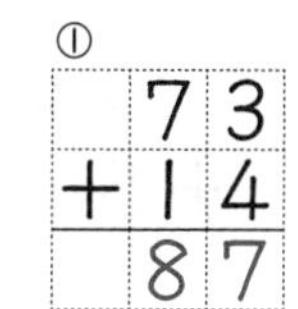

② 35＋24＝59

③ 58＋11＝69

④ 66＋32＝98

⑤ 37＋22＝59

⑥ 43＋43＝86

⑦ 34＋51＝85

⑧ 22＋50＝72

⑨ 64＋10＝74

月　日 名前

たし算の　ひっ算 ⑤

2けた＋2けた（くり上がりあり）

34＋18を　ひっ算（さん）で　しましょう。

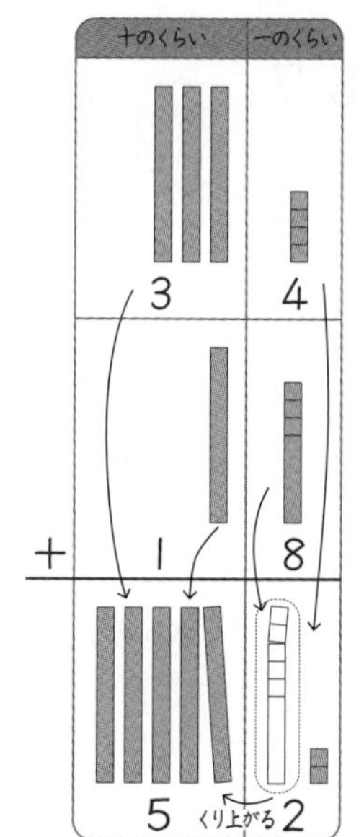

① はじめに、一のくらいの　計算（けいさん）を　します。

	3	4
＋	1	8
	1	2

4＋8＝12で　十のくらいに　くり上がるので、まず、十のくらいの　ところに、小さく「1」を　かきます。そして、一のくらいに　大きく「2」を　かきます。

② つぎに、十のくらいの　計算を　します。

	3	4
＋	1	8
	5¹	2

くり上がった「1」が　あるので、3＋1＋1の　計算を　します。

③ じゅんばんに　気を　つけて　なぞりましょう。

	3	4
＋	1	8
	5¹	2

月　日 名前

たし算の　ひっ算 ⑥

2けた＋2けた（くり上がりあり）

つぎの　計算を　しましょう。

① 22＋69＝91

② 33＋58＝91

③ 67＋16＝83

④ 79＋15＝94

⑤ 46＋47＝93

⑥ 49＋24＝73

⑦ 43＋37＝80

⑧ 35＋56＝91

⑨ 27＋47＝74

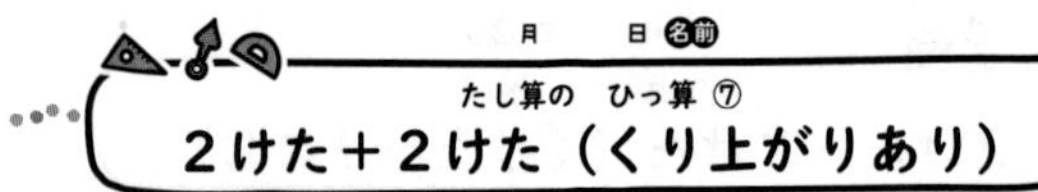

月　日 名前

たし算の　ひっ算 ⑦

2けた＋2けた（くり上がりあり）

● つぎの　計算(けいさん)を　しましょう。

① 14 + 16 = 30
② 27 + 25 = 52
③ 38 + 54 = 92
④ 42 + 28 = 70
⑤ 19 + 33 = 52
⑥ 51 + 19 = 70
⑦ 26 + 46 = 72
⑧ 44 + 37 = 81
⑨ 59 + 29 = 88

月　日 名前

たし算の　ひっ算 ⑧

2けた＋2けた（くり上がりあり）

① つぎの　計算を　しましょう。

① 16 + 65 = 81
② 38 + 32 = 70
③ 28 + 46 = 74
④ 47 + 34 = 81
⑤ 52 + 29 = 81
⑥ 77 + 17 = 94

② きのう　36ページ、きょう　44ページ　本を　読(よ)みました。ぜんぶで　何(なん)ページ　読みましたか。

しき 36＋44＝80

答(こた)え　80ページ

月　日 名前

たし算の　ひっ算 ⑨

2けた＋1けた（くり上がりなし）

① つぎの　計算(けいさん)を　しましょう。

① 11 + 7 = 18
② 33 + 4 = 37
③ 43 + 0 = 43
④ 46 + 1 = 47

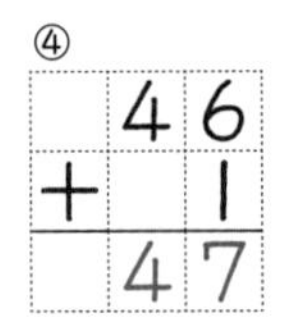

⑤ 53 + 5 = 58
⑥ 61 + 3 = 64

② 色紙(いろがみ)を　70まい　もって　いました。8まい　もらうと　色紙は　合(あ)わせて　何(なん)まいに　なりましたか。

しき 70＋8＝78

答(こた)え　78まい

月　日 名前

たし算の　ひっ算 ⑩

2けた＋1けた（くり上がりあり）

① つぎの　計算を　しましょう。

① 76 + 6 = 82
② 87 + 5 = 92
③ 68 + 3 = 71
④ 25 + 5 = 30
⑤ 19 + 7 = 26
⑥ 38 + 8 = 46

② 赤い　花が　13本　白い　花が　9本　あります。合わせて　花は　何本　ですか。

しき 13＋9＝22

答え　22本

まとめテスト　月　日 名前

まとめ ⑤

たし算の　ひっ算

50点

① つぎの　計算を　しましょう。（1つ5点／30点）

① $35+4=39$　② $42+7=49$　③ $56+23=79$

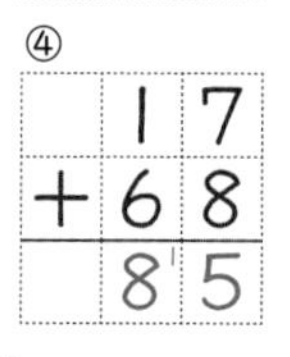

④ $17+68=85$

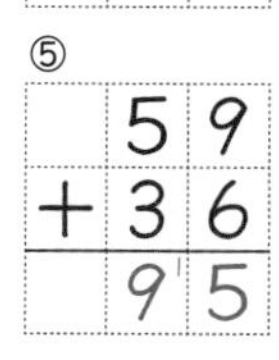

⑤ $59+36=95$　⑥ $28+52=80$

② 公園に　おとなが　13人、子どもが　38人　います。合わせて　何人　いますか。（10点）

しき　13＋38＝51

答え　51人

③ 本を　きのう　45ページ、きょう　36ページ　読みました。合わせて　何ページ　読みましたか。（10点）

しき　45＋36＝81

答え　81ページ

まとめテスト　月　日 名前

まとめ ⑥

たし算の　ひっ算

50点

① つぎの　計算の　答えが　正しければ　○を、まちがって　いれば　正しい　答えを　かきましょう。（1つ5点／15点）

① $38+46=74$　（84）

② $64+25=99$　（89）

③ $53+29=82$　（○）

② つぎの　計算を　しましょう。（1つ5点／15点）

① $23+9=32$　② $67+28=95$　③ $49+11=60$

③ いちごを　わたしが　37こ、妹が　46こ　つみました。合わせて　何こ　つみましたか。（10点）

しき　37＋46＝83

答え　83こ

④ 25円の　あめと、15円の　ガムを　買うと　何円に　なりますか。（10点）

しき　25＋15＝40

答え　40円

月　日 名前

ひき算の　ひっ算 ①

おぼえて　いるかな

① つぎの　計算を　しましょう。

① 8－5＝3　② 7－3＝4

③ 10－4＝6　④ 11－6＝5

⑤ 13－7＝6　⑥ 17－8＝9

⑦ 12－9＝3　⑧ 14－5＝9

⑨ 16－2＝14　⑩ 15－4＝11

⑪ 18－3＝15　⑫ 17－5＝12

② みかんが　12こ、りんごが　7こ　あります。ちがいは　何こ　ですか。

しき　12－7＝5

答え　5こ

月　日 名前

ひき算の　ひっ算 ②

おぼえて　いるかな

つぎの　計算を　しましょう。

① 14－9＝5　② 11－4＝7

③ 17－8＝9　④ 14－6＝8

⑤ 18－9＝9　⑥ 12－3＝9

⑦ 16－8＝8　⑧ 13－6＝7

⑨ 15－9＝6　⑩ 11－6＝5

⑪ 14－5＝9　⑫ 11－9＝2

⑬ 12－6＝6　⑭ 13－9＝4

⑮ 16－7＝9　⑯ 11－5＝6

⑰ 13－7＝6　⑱ 14－8＝6

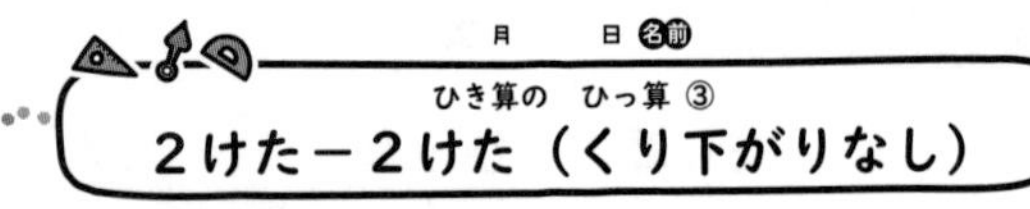

月　日 名前

ひき算の　ひっ算 ③

2けたー2けた（くり下がりなし）

48ー25を　ひっ算で　しましょう。

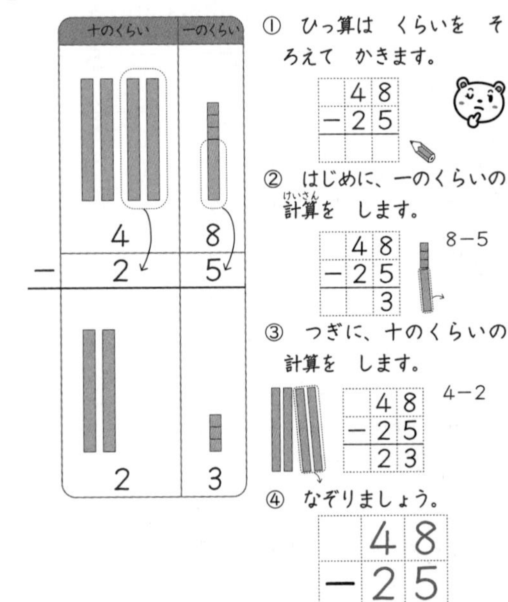

① ひっ算は　くらいを　そろえて　かきます。

② はじめに、一のくらいの計算を　します。　8ー5

③ つぎに、十のくらいの計算を　します。　4ー2

④ なぞりましょう。

$$\begin{array}{r} 48 \\ -25 \\ \hline 23 \end{array}$$

月　日 名前

ひき算の　ひっ算 ④

2けたー2けた（くり下がりなし）

つぎの　計算を　しましょう。

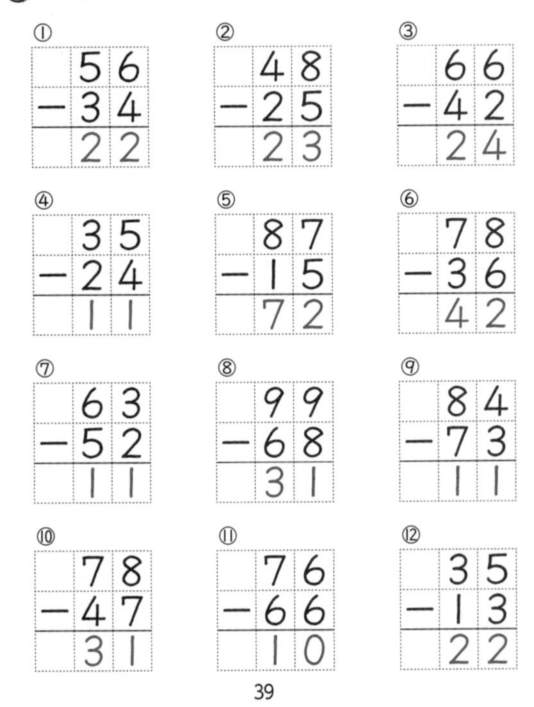

① 56ー34＝22　② 48ー25＝23　③ 66ー42＝24

④ 35ー24＝11　⑤ 87ー15＝72　⑥ 78ー36＝42

⑦ 63ー52＝11　⑧ 99ー68＝31　⑨ 84ー73＝11

⑩ 78ー47＝31　⑪ 76ー66＝10　⑫ 35ー13＝22

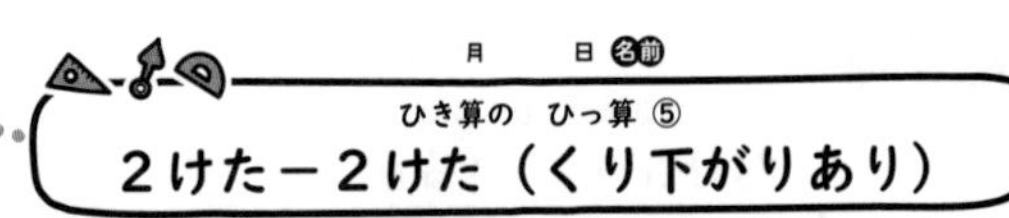

月　日 名前

ひき算の　ひっ算 ⑤

2けたー2けた（くり下がりあり）

32ー18を　ひっ算で　しましょう。

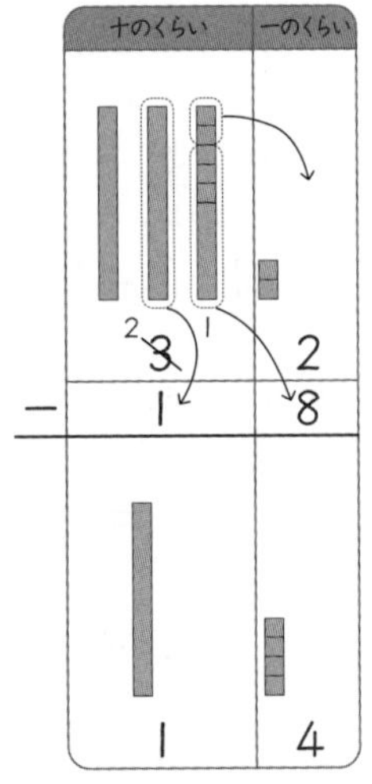

① ひっ算は　くらいを　そろえて　かきます。

② はじめに、一のくらいの計算を　します。

2ー8は　できません。十のくらいから　十を1つ　くずします。

12ー8＝4

③ つぎに、十のくらいの計算を　します。

3は　1くり下げたので　2になっています。2ー1＝1

④ なぞりましょう。

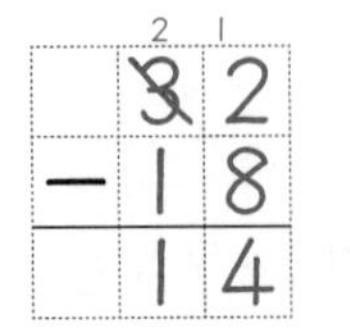

$$\begin{array}{r} 32 \\ -18 \\ \hline 14 \end{array}$$

月　日 名前

ひき算の　ひっ算 ⑥

2けたー2けた（くり下がりあり）

つぎの　計算を　しましょう。

① 53ー36＝17　② 42ー29＝13　③ 74ー38＝36

④ 74ー47＝27　⑤ 62ー37＝25　⑥ 41ー14＝27

⑦ 74ー25＝49　⑧ 96ー58＝38　⑨ 85ー49＝36

⑩ 93ー78＝15　⑪ 61ー19＝42　⑫ 82ー63＝19

月　日 名前

ひき算の　ひっ算 ⑦

2けた－2けた（くり下がりあり）

1 つぎの　計算(けいさん)を　しましょう。

① 7 1
81
－28
53

② 6 1
71
－16
55

③ 4 1
50
－27
23

④ 5 1
60
－44
16

⑤ 4 1
50
－32
18

⑥ 7 1
82
－54
28

⑦ 7 1
83
－45
38

⑧ 8 1
92
－36
56

⑨ 7 1
85
－16
69

⑩ 8 1
95
－67
28

⑪ 6 1
75
－58
17

⑫ 7 1
86
－39
47

月　日 名前

ひき算の　ひっ算 ⑧

2けた－2けた（くり下がりあり）

1 つぎの　計算を　しましょう。

① 3 1
40
－23
17

② 4 1
52
－15
37

③ 5 1
63
－19
44

④ 8 1
93
－47
46

⑤ 2 1
30
－15
15

⑥ 8 1
94
－76
18

⑦ 6 1
71
－47
24

⑧ 8 1
91
－23
68

⑨ 7 1
80
－56
24

2 1年生が　47人、2年生が　61人　います。
2年生は　1年生より　何人(なんにん)　多(おお)いですか。

しき 61－47＝14

答(こた)え　14人

月　日 名前

ひき算の　ひっ算 ⑨

2けた－1けた（くり下がりなし）

1 つぎの　計算(けいさん)を　しましょう。

①
29
－ 8
21

②
38
－ 7
31

③
82
－ 0
82

④
17
－ 5
12

⑤
66
－ 5
61

⑥
47
－ 3
44

⑦
78
－ 6
72

⑧
55
－ 3
52

⑨
93
－ 2
91

2 色紙(いろがみ)を　25まい　もって　います。
4まい　つかいました。のこりは　何(なん)まいですか。

しき 25－4＝21

答(こた)え　21まい

月　日 名前

ひき算の　ひっ算 ⑩

2けた－1けた（くり下がりあり）

1 つぎの　計算を　しましょう。

① 4 1
56
－ 8
48

② 1 1
25
－ 7
18

③ 5 1
63
－ 6
57

④ 7 1
81
－ 9
72

⑤ 2 1
30
－ 5
25

⑥ 6 1
72
－ 3
69

⑦ 3 1
40
－ 2
38

⑧ 8 1
92
－ 4
88

⑨ 3 1
41
－ 5
36

2 公園(こうえん)で　20人　あそんで　いました。
7人　帰(かえ)りました。今(いま)、公園には　何人　いますか。

しき 20－7＝13

答え　13人

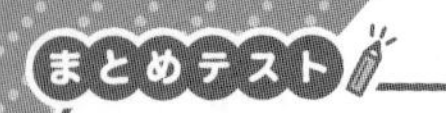

月　日 名前

まとめ ⑦

ひき算の　ひっ算

/50点

① つぎの　計算を　しましょう。（1つ5点／30点）

①

	7	8
−		5
	7	3

②

	4	6
−	1	3
	3	3

③

	5	9
−	4	5
	1	4

④

	5	1
	6	4
−	2	8
	3	6

⑤

	7	1
	8	3
−	5	6
	2	7

⑥

	8	1
	9	7
−	3	9
	5	8

② お金を　90円　もって　います。15円の　あめを　買いました。何円　のこって　いますか。（10点）

しき　90−15＝75

答え　75円

③ 赤い　花が　35本、白い　花が　19本　あります。ちがいは　何本ですか。（10点）

しき　35−19＝16

答え　16本

月　日 名前

まとめ ⑧

ひき算の　ひっ算

/50点

① つぎの　計算は　どのような　まちがいを　して　いますか。記ごうを　えらびましょう。（1つ10点／30点）

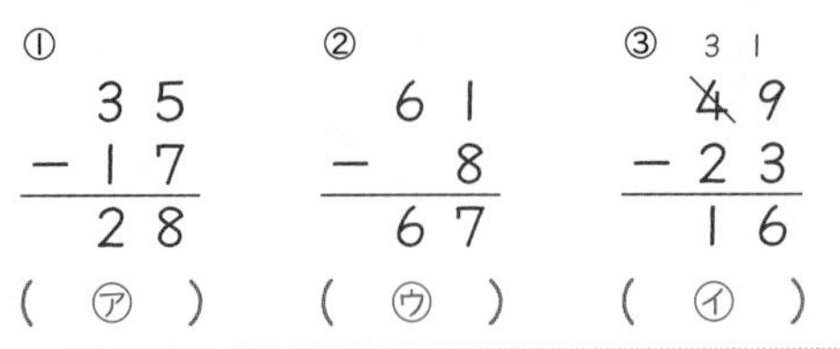

①（ ㋐ ）　②（ ㋒ ）　③（ ㋑ ）

㋐十のくらいがくり下がっていない　㋑くり下がりがないのにくり下がっている　㋒ひく数からひかれる数をひいている

② 色紙を　わたしが　30まい、妹が　13まい　もっています。ちがいは　何まいですか。（10点）

しき　30−13＝17

答え　17まい

③ あめが　23こ　あります。5こ　食べました。のこりは　何こですか。（10点）

しき　23−5＝18

答え　18こ

月　日 名前

長　さ①

おぼえて　いるかな

どちらの　リボンが　長いですか。

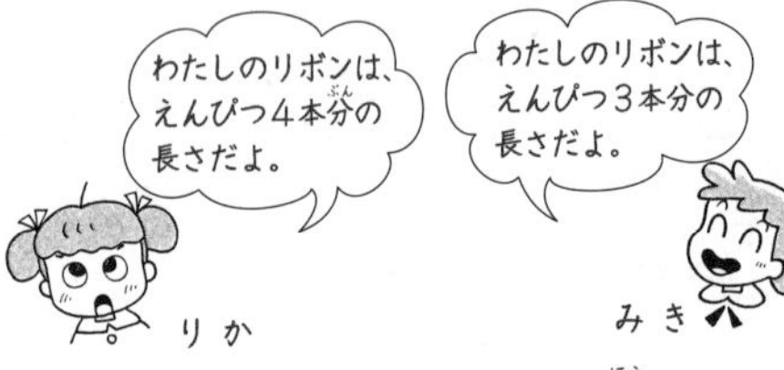

わたしのリボンは、えんぴつ４本分の長さだよ。
わたしのリボンは、えんぴつ３本分の長さだよ。
りか
みき

①（　りか　）さんの　リボンの　方が　長そう。

② くらべて　みましょう。

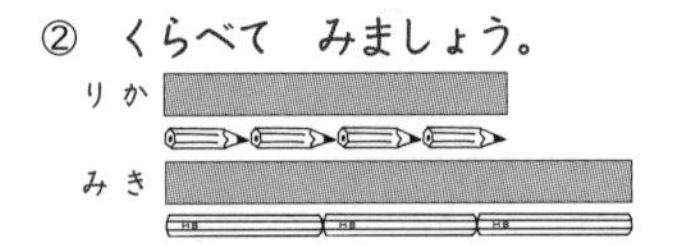

③（　みき　）さんの　リボンの　方が　長い。

長さを　くらべる　ときに、ちがった　ものを　もとに　すると、正しく　くらべる　ことが　できません。そこで、せかい中の　人が　つかう　長さの　たんいを　きめました。

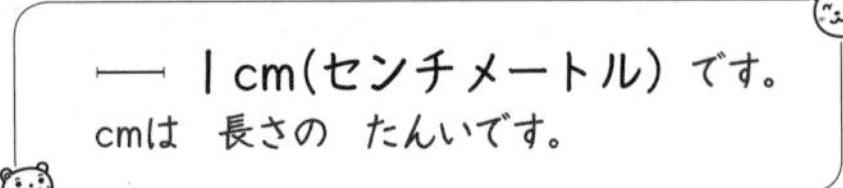

— 1cm（センチメートル）です。
cmは　長さの　たんいです。

月　日 名前

長　さ②

cm（センチメートル）

① cmの　かき方を　れんしゅうしましょう。

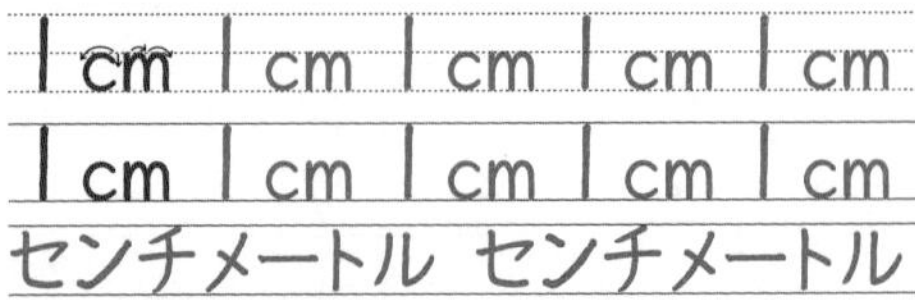

② 線の　長さは　何cmですか。

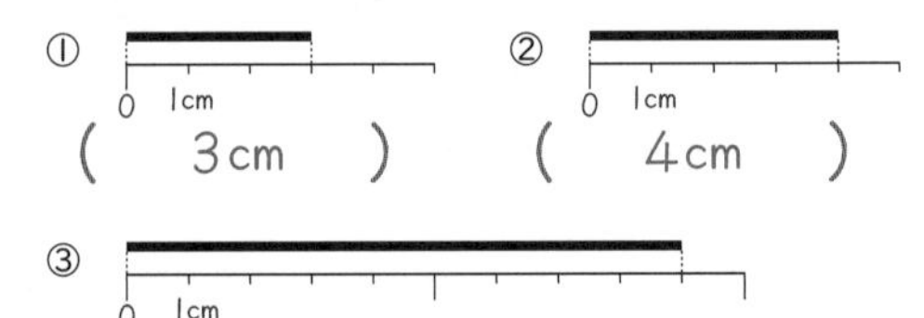

①（　3cm　）　②（　4cm　）

③

0 1cm

（　9cm　）

③ 線の　長さを　ものさしで　はかりましょう。

①（　3cm　）　②（　5cm　）

③（　8cm　）

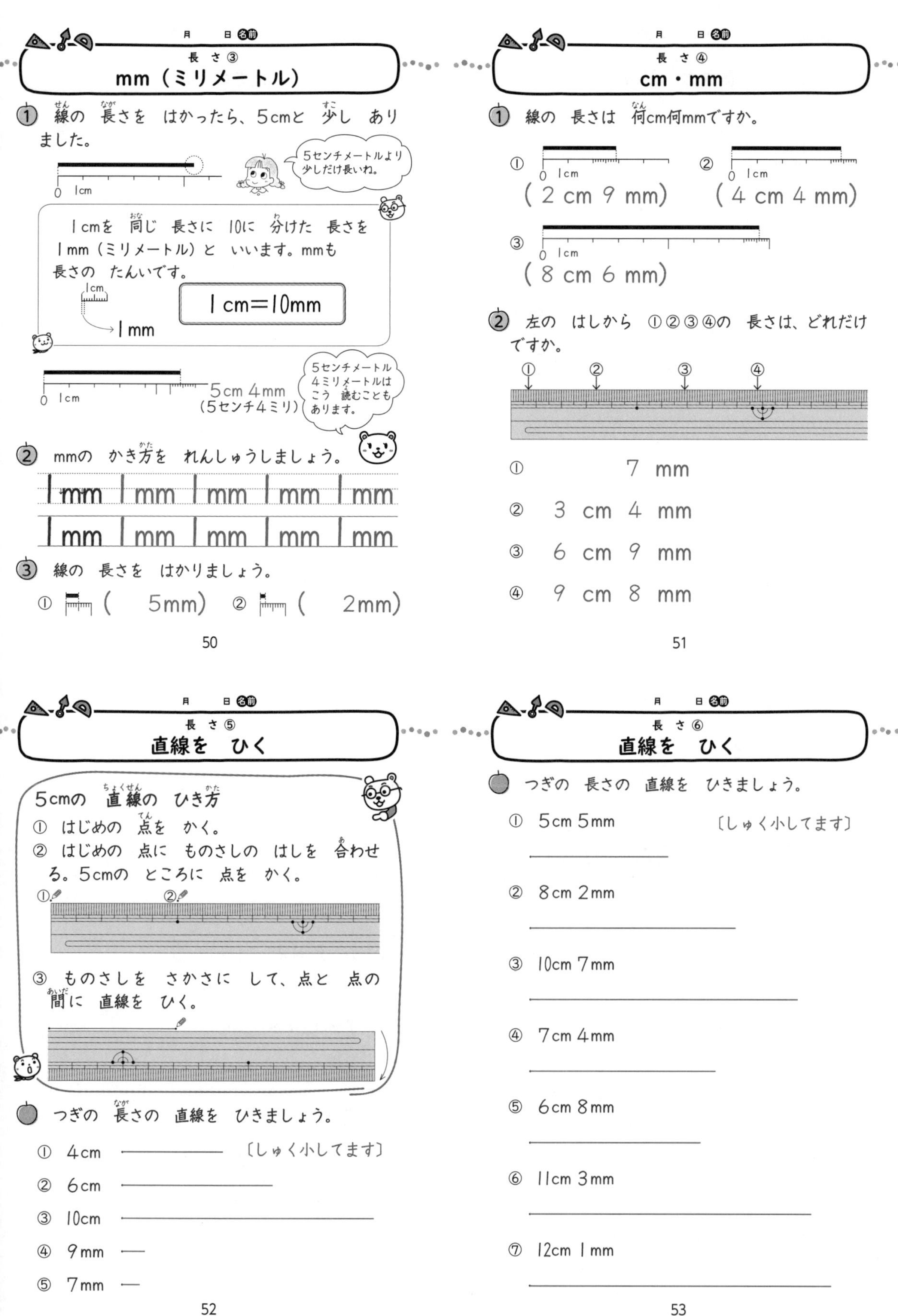

月　日 名前

長さ③

mm（ミリメートル）

① 線の　長さを　はかったら、5cmと　少し　ありました。

0　1cm

5センチメートルより少しだけ長いね。

1cmを　同じ　長さに　10に　分けた　長さを1mm（ミリメートル）と　いいます。mmも長さの　たんいです。

1cm

1mm

1cm＝10mm

0　1cm　5cm 4mm（5センチ4ミリ）

5センチメートル4ミリメートルはこう　読むこともあります。

② mmの　かき方を　れんしゅうしましょう。

1mm　1mm　1mm　1mm　1mm

1mm　1mm　1mm　1mm　1mm

③ 線の　長さを　はかりましょう。

①（　5mm）　②（　2mm）

50

月　日 名前

長さ④

cm・mm

① 線の　長さは　何cm何mmですか。

①（2 cm 9 mm）　②（4 cm 4 mm）

③（8 cm 6 mm）

② 左の　はしから　①②③④の　長さは、どれだけですか。

① 7 mm

② 3 cm 4 mm

③ 6 cm 9 mm

④ 9 cm 8 mm

51

月　日 名前

長さ⑤

直線を　ひく

5cmの　直線の　ひき方

① はじめの　点を　かく。

② はじめの　点に　ものさしの　はしを　合わせる。5cmの　ところに　点を　かく。

③ ものさしを　さかさに　して、点と　点の　間に　直線を　ひく。

つぎの　長さの　直線を　ひきましょう。　〔しゅく小してます〕

① 4cm

② 6cm

③ 10cm

④ 9mm

⑤ 7mm

52

月　日 名前

長さ⑥

直線を　ひく

つぎの　長さの　直線を　ひきましょう。　〔しゅく小してます〕

① 5cm 5mm

② 8cm 2mm

③ 10cm 7mm

④ 7cm 4mm

⑤ 6cm 8mm

⑥ 11cm 3mm

⑦ 12cm 1mm

53

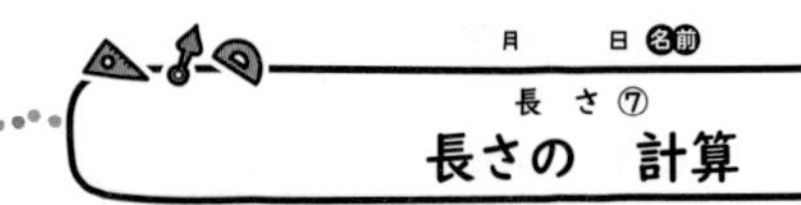

月　日 名前

長さ⑦

長さの　計算

1 長さの　計算を　しましょう。

①

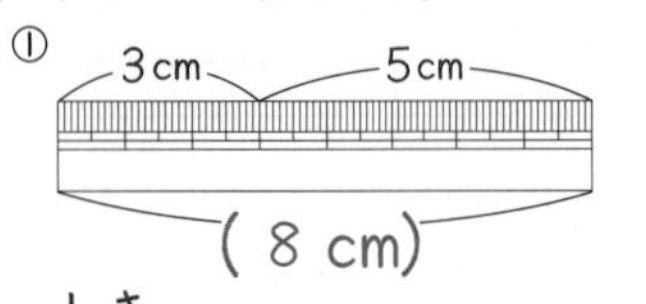

ひっ算

	cm	mm
	3	
＋	5	
	8	

しき

3cm＋5cm＝(8 cm)

②

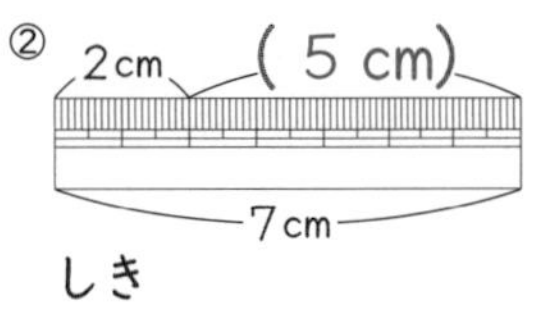

	cm	mm
	7	
－	2	
	5	

しき

7cm－2cm＝(5 cm)

2 つぎの　計算を　しましょう。

① 5cm＋4cm＝9cm

② 3cm＋9cm＝12cm

③ 8cm－4cm＝4cm

④ 20cm－7cm＝13cm

月　日 名前

長さ⑧

長さの　計算

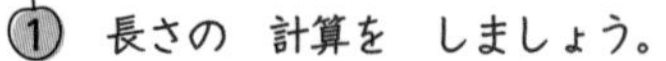

1 長さの　計算を　しましょう。

①

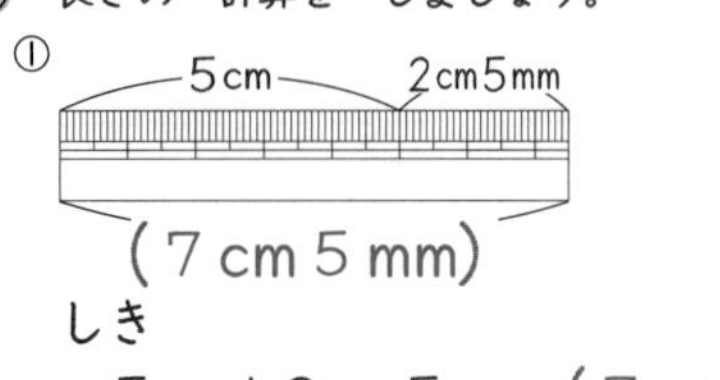

ひっ算

	cm	mm
	5	
＋	2	5
	7	5

しき

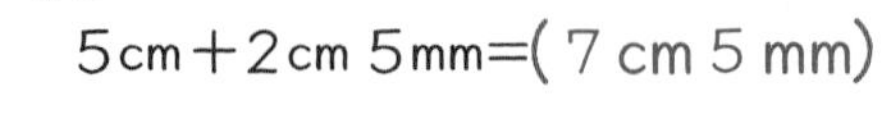

5cm＋2cm 5mm＝(7 cm 5 mm)

②

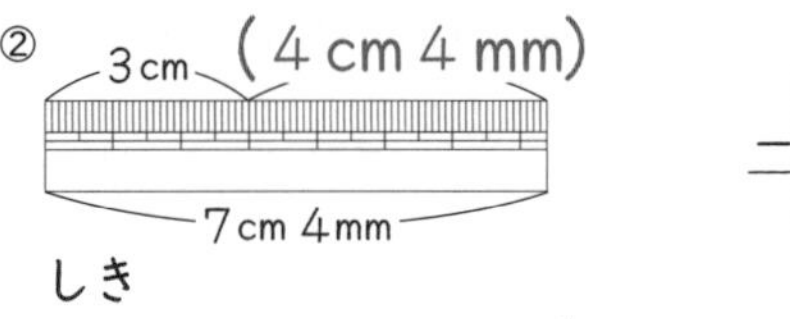

	cm	mm
	7	4
－	3	
	4	4

しき

7cm 4mm－3cm＝(4 cm 4 mm)

2 つぎの　計算を　しましょう。

① 6cm 5mm＋2mm＝6cm 7mm

② 2cm 3mm＋6cm 4mm＝8cm 7mm

③ 8cm 5mm－3mm＝8cm 2mm

④ 6cm 7mm－5cm 2mm＝1cm 5mm

まとめテスト　月　日 名前

まとめ⑨

長　さ

/50点

1 左の　はしから　①～④の　長さを　かきましょう。(1つ5点/20点)

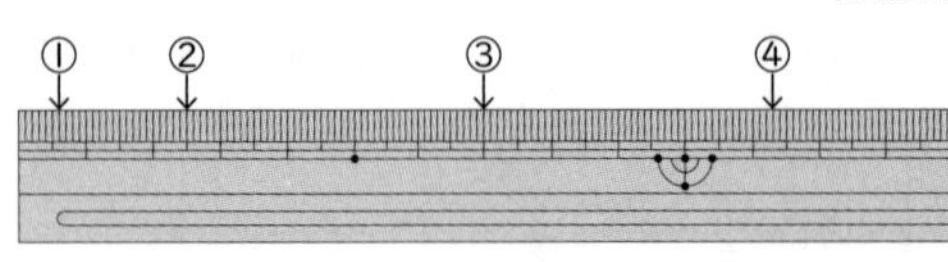

①(6mm)　②(2cm5mm)

③(7cm)　④(11cm3mm)

2 線の　長さを　はかりましょう。(1つ5点/15点)

① (5cm)

② (6cm 5mm)

③ (1cm 5mm)

3 □に　あてはまる　数を　かきましょう。(1つ5点/15点)

① 3cm ＝ [30] mm

② 7cm 4mm ＝ [74] mm

③ 86mm ＝ [8] cm [6] mm

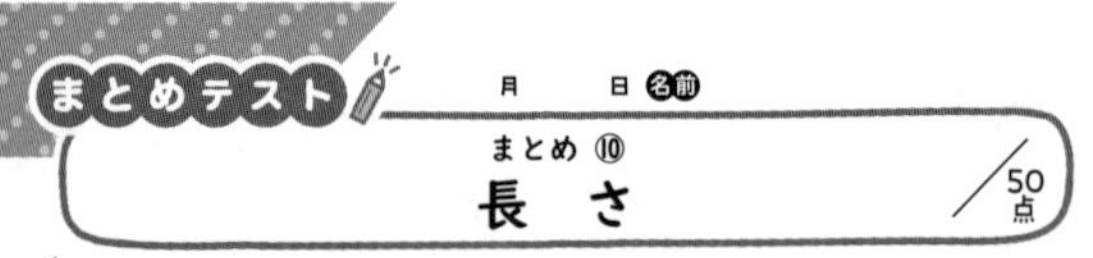

まとめテスト　月　日 名前

まとめ⑩

長　さ

/50点

1 (　)に　あてはまる　長さの　たんいを　かきましょう。(1つ5点/15点)

① ノートの　あつさ　5(mm)

② えんぴつの　長さ　17(cm)

③ はがきの　よこの　長さ　10(cm)

2 つぎの　計算を　しましょう。(1つ5点/35点)

① 3cm＋4cm＝7cm

② 7cm＋6cm＝13cm

③ 9cm－5cm＝4cm

④ 10cm－2cm＝8cm

⑤ 2cm 5mm＋4cm 3mm＝6cm 8mm

⑥ 7cm 8mm－6cm 2mm＝1cm 6mm

⑦ 5cm 9mm－3mm＝5cm 6mm

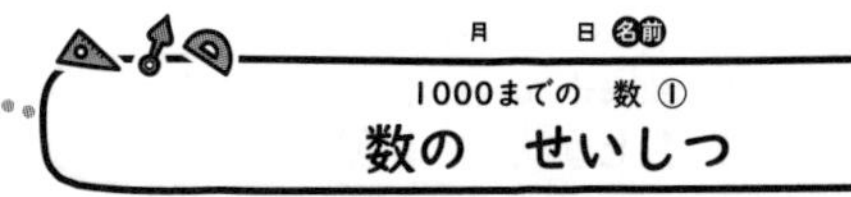

月　日 名前

1000までの 数 ①

数の　せいしつ

1 つぎの 数(かず)は いくつですか。

①

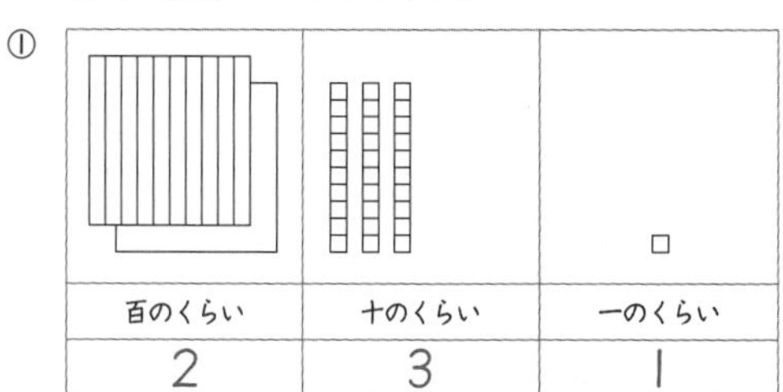

百のくらい	十のくらい	一のくらい
2	3	1

②

百のくらい	十のくらい	一のくらい
3	0	4

③

4	2	3

2 つぎの 数を かきましょう。

① 100を 5こと 10を 6こと 1を 2こ 合(あ)わせた 数。　（　562　）

② 100を 7こと 10を 3こ 合わせた 数。　（　730　）

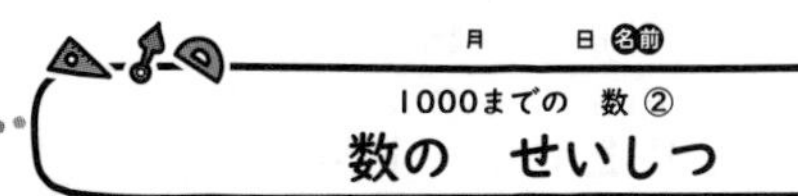

月　日 名前

1000までの 数 ②

数の　せいしつ

1 （　）に 数を かきましょう。

① 10を 32こ あつめた 数。　（　320　）

② 450は 10を （45）こ あつめた 数。

③ 1000は 100を （10）こ あつめた 数。

④ 499より 1 大きい 数。　（　500　）

⑤ 1000より 1 小さい 数。　（　999　）

2 □に あてはまる 数を かきましょう。

① 0　100　[200]　300　400　[500]　600　700　[800]

② 300　[350]　400　450　500　[550]　600　650

③ 0　50　100　150　[200]　250　[300]　350　400

④ 550　560　[570]　580　590　[600]　610　620

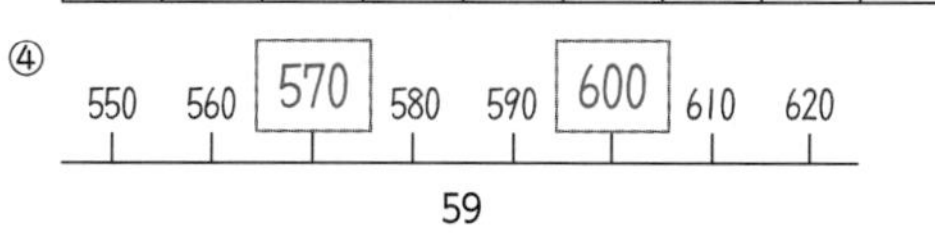

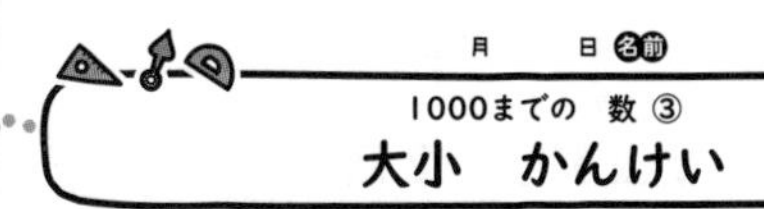

月　日 名前

1000までの 数 ③

大小　かんけい

2つの 数(かず)の 大小は ＞ ＜を つかって あらわします。　㊇>㊙　㊙<㊇
100>60，100<120 と あらわします。

1 数の 大きさを くらべて □に ＞ ＜を かきましょう。

① 503 [＜] 530　　② 312 [＜] 321

③ 499 [＜] 598　　④ 889 [＜] 898

⑤ 736 [＞] 716　　⑥ 648 [＞] 639

2 数の 大きさを くらべて □に ＞ ＜ ＝を かきましょう。

① 240 [＜] 200+60　　② 150 [＞] 200−80

③ 630 [＝] 600+30　　④ 350 [＜] 500−100

⑤ 740 [＞] 700+20　　⑥ 540 [＝] 600−60

月　日 名前

1000までの 数 ④

大きい　数の　計算

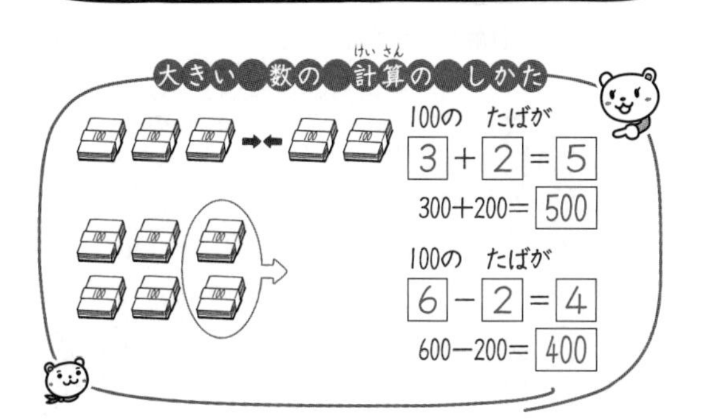

大きい 数の 計算(けいさん)の しかた
100の たばが
3＋2＝5
300＋200＝500
100の たばが
6−2＝4
600−200＝400

● つぎの 計算を しましょう。

① 50＋30＝80　　② 80＋60＝140

③ 70−40＝30　　④ 120−50＝70

⑤ 400＋500＝900　　⑥ 200＋800＝1000

⑦ 500−200＝300　　⑧ 1000−30＝970

⑨ 300＋400＝700　　⑩ 500＋500＝1000

⑪ 700−300＝400　　⑫ 1000−40＝960

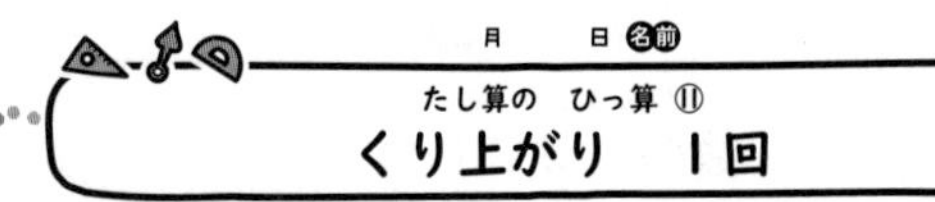

月　日 名前

たし算の　ひっ算 ⑪

くり上がり　１回

つぎの　計算(けいさん)を　しましょう。

① 24 + 84 = 108

- 一のくらいの　計算を　します。
  4＋4＝8
- 十のくらいの　計算を　します。
  2＋8＝10　1は　百のくらいへ。

② 32 + 93 = 125
③ 36 + 82 = 118
④ 48 + 70 = 118
⑤ 58 + 51 = 109
⑥ 62 + 72 = 134
⑦ 72 + 36 = 108
⑧ 81 + 75 = 156
⑨ 67 + 81 = 148
⑩ 84 + 32 = 116

62

月　日 名前

たし算の　ひっ算 ⑫

くり上がり　１回

つぎの　計算を　しましょう。

① 11 + 91 = 102
② 23 + 94 = 117
③ 65 + 41 = 106
④ 33 + 76 = 109
⑤ 52 + 95 = 147
⑥ 86 + 23 = 109
⑦ 57 + 62 = 119
⑧ 43 + 83 = 126
⑨ 61 + 67 = 128
⑩ 46 + 62 = 108
⑪ 75 + 52 = 127
⑫ 85 + 43 = 128

63

月　日 名前

たし算の　ひっ算 ⑬

くり上がり　２回

つぎの　計算(けいさん)を　しましょう。

① 35 + 89 = 124

- 一のくらいの　計算を　します。
  5＋9＝14　1は　十のくらいへ。
- 十のくらいの　計算を　します。
  3＋8＋1＝12
  くり上がった　1を　わすれずに。

② 22 + 88 = 110
③ 15 + 96 = 111
④ 42 + 79 = 121
⑤ 65 + 65 = 130
⑥ 37 + 96 = 133
⑦ 53 + 77 = 130
⑧ 45 + 98 = 143
⑨ 69 + 94 = 163
⑩ 87 + 67 = 154

64

月　日 名前

たし算の　ひっ算 ⑭

くり上がり　２回

つぎの　計算を　しましょう。

① 98 + 12 = 110
② 84 + 86 = 170
③ 99 + 56 = 155
④ 69 + 42 = 111
⑤ 79 + 88 = 167
⑥ 77 + 49 = 126
⑦ 89 + 77 = 166
⑧ 66 + 85 = 151
⑨ 74 + 58 = 132
⑩ 68 + 73 = 141
⑪ 88 + 59 = 147
⑫ 97 + 33 = 130

65

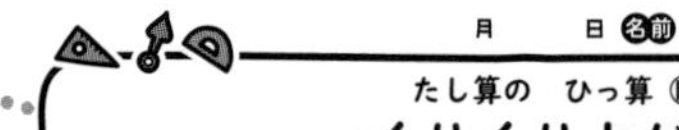

月　日 名前

たし算の　ひっ算 ⑮

くりくり上がり

● つぎの　計算を　しましょう。

① $39+68=107$

・一のくらいの　計算を　します。
　9＋8＝17　1は　十のくらいへ。

・十のくらいの　計算を　します。
　3＋6＋1＝10
　くり上がりの　1を　わすれずに。

② $21+79=100$　③ $55+48=103$　④ $35+67=102$

⑤ $42+58=100$　⑥ $24+78=102$　⑦ $66+35=101$

⑧ $75+26=101$　⑨ $83+19=102$　⑩ $78+27=105$

月　日 名前

たし算の　ひっ算 ⑯

くりくり上がり

● つぎの　計算を　しましょう。

① $94+8=102$　② $97+6=103$　③ $95+8=103$

④ $96+7=103$　⑤ $98+5=103$　⑥ $99+2=101$

⑦ $97+4=101$　⑧ $98+3=101$　⑨ $96+6=102$

⑩ $93+9=102$　⑪ $92+8=100$　⑫ $95+5=100$

月　日 名前

たし算の　ひっ算 ⑰

いろいろな　計算

1 つぎの　計算を　しましょう。

① $312+64=376$　② $566+32=598$　③ $621+43=664$

④ $475+22=497$　⑤ $708+31=739$　⑥ $846+3=849$

2 1年生の　人数は　86人、2年生の　人数は　95人です。合わせて　何人ですか。

しき　86＋95＝181

答え　181人

3 きのうまでに　本を　215ページ　読みました。
　きょうは　34ページ　読みました。合わせて　何ページ　読みましたか。

しき　215＋34＝249

答え　249ページ

月　日 名前

たし算の　ひっ算 ⑱

いろいろな　計算

1 つぎの　計算を　しましょう。

① $212+18=230$　② $315+47=362$　③ $465+26=491$

④ $532+9=541$　⑤ $653+8=661$　⑥ $741+9=750$

2 76円の　チョコレートと　58円の　ガムを　買いました。だい金は　いくらに　なりますか。

しき　76＋58＝134

答え　134円

3 348円の　おべんとうと　49円の　お茶を　買いました。合わせて　何円ですか。

しき　348＋49＝397

答え　397円

月　日 名前

まとめ ⑪

たし算の　ひっ算

50点

1 つぎの　計算(けいさん)を　しましょう。（1つ5点／30点）

① $\begin{array}{r} 53 \\ +64 \\ \hline 117 \end{array}$　② $\begin{array}{r} 79 \\ +45 \\ \hline 124 \end{array}$　③ $\begin{array}{r} 86 \\ +17 \\ \hline 103 \end{array}$

④ $\begin{array}{r} 98 \\ +\ \ 5 \\ \hline 103 \end{array}$　⑤ $\begin{array}{r} 234 \\ +\ \ 51 \\ \hline 285 \end{array}$　⑥ $\begin{array}{r} 637 \\ +\ \ 25 \\ \hline 662 \end{array}$

2 88円の　スナックがしと　36円の　あめを　買(か)いました。合(あ)わせて　何円(なんえん)ですか。（10点）

しき　88＋36＝124

答(こた)え　124円

3 どんぐりを　わたしが　55こ、妹(いもうと)が　48こ　ひろいました。合わせて　何こ　ひろいましたか。（10点）

しき　55＋48＝103

答え　103こ

まとめテスト　月　日 名前

まとめ ⑫

たし算の　ひっ算

50点

1 つぎの　計算の　答えが　正しければ　○を、まちがって　いれば　正しい　答えを　かきましょう。（1つ5点／15点）

① $\begin{array}{r} 68 \\ +73 \\ \hline 131 \end{array}$　（ 141 ）

② $\begin{array}{r} 25 \\ +79 \\ \hline 94 \end{array}$　（ 104 ）

③ $\begin{array}{r} 97 \\ +\ \ 6 \\ \hline 103 \end{array}$　（ ○ ）

2 つぎの　計算を　しましょう。（1つ5点／15点）

① $\begin{array}{r} 59 \\ +67 \\ \hline 126 \end{array}$　② $\begin{array}{r} 45 \\ +58 \\ \hline 103 \end{array}$　③ $\begin{array}{r} 308 \\ +\ \ \ 9 \\ \hline 317 \end{array}$

3 赤い　色紙(いろがみ)が　55まい、青い　色紙が　65まいあります。合わせて　何まいですか。（10点）

しき　55＋65＝120

答え　120まい

4 メダルを　きのう　64こ、きょう　57こ　作(つく)りました。ぜんぶで　何こ　作りましたか。（10点）

しき　64＋57＝121

答え　121こ

月　日 名前

ひき算の　ひっ算 ⑪

くり下がり　1回

つぎの　計算(けいさん)を　しましょう。

① $\begin{array}{r} 148 \\ -\ \ 54 \\ \hline 94 \end{array}$

- 一のくらいの　計算を　します。
  8－4＝4
- 十のくらいの　計算を　します。
  4－5は　できません。
  百のくらいを　くずして
  14－5＝9

② $\begin{array}{r} 177 \\ -\ \ 92 \\ \hline 85 \end{array}$　③ $\begin{array}{r} 112 \\ -\ \ 21 \\ \hline 91 \end{array}$　④ $\begin{array}{r} 124 \\ -\ \ 61 \\ \hline 63 \end{array}$

⑤ $\begin{array}{r} 133 \\ -\ \ 52 \\ \hline 81 \end{array}$　⑥ $\begin{array}{r} 183 \\ -\ \ 91 \\ \hline 92 \end{array}$　⑦ $\begin{array}{r} 118 \\ -\ \ 32 \\ \hline 86 \end{array}$

⑧ $\begin{array}{r} 127 \\ -\ \ 73 \\ \hline 54 \end{array}$　⑨ $\begin{array}{r} 145 \\ -\ \ 75 \\ \hline 70 \end{array}$　⑩ $\begin{array}{r} 154 \\ -\ \ 64 \\ \hline 90 \end{array}$

月　日 名前

ひき算の　ひっ算 ⑫

くり下がり　1回

つぎの　計算を　しましょう。

① $\begin{array}{r} 104 \\ -\ \ 12 \\ \hline 92 \end{array}$　② $\begin{array}{r} 105 \\ -\ \ 31 \\ \hline 74 \end{array}$　③ $\begin{array}{r} 109 \\ -\ \ 75 \\ \hline 34 \end{array}$

④ $\begin{array}{r} 101 \\ -\ \ 41 \\ \hline 60 \end{array}$　⑤ $\begin{array}{r} 106 \\ -\ \ 52 \\ \hline 54 \end{array}$　⑥ $\begin{array}{r} 103 \\ -\ \ 83 \\ \hline 20 \end{array}$

⑦ $\begin{array}{r} 105 \\ -\ \ 25 \\ \hline 80 \end{array}$　⑧ $\begin{array}{r} 102 \\ -\ \ 52 \\ \hline 50 \end{array}$　⑨ $\begin{array}{r} 107 \\ -\ \ 81 \\ \hline 26 \end{array}$

⑩ $\begin{array}{r} 106 \\ -\ \ 95 \\ \hline 11 \end{array}$　⑪ $\begin{array}{r} 108 \\ -\ \ 90 \\ \hline 18 \end{array}$　⑫ $\begin{array}{r} 105 \\ -\ \ 95 \\ \hline 10 \end{array}$

月　日 名前

ひき算の　ひっ算 ⑬

くり下がり　2回

つぎの　計算(けいさん)を　しましょう。

① (1 1) 123 − 67 ＝ 56

- 一のくらいから　計算します。3−7は　できません。十のくらいを　くずします。13−7=6
- 十のくらいの　計算を　します。1−6は　できません。百のくらいを　くずして　11−6=5

② (3 1) 142 − 44 ＝ 98
③ (5 1) 166 − 69 ＝ 97
④ (2 1) 137 − 58 ＝ 79

⑤ (4 1) 150 − 54 ＝ 96
⑥ (2 1) 131 − 84 ＝ 47
⑦ (4 1) 155 − 79 ＝ 76

⑧ (6 1) 174 − 88 ＝ 86
⑨ (7 1) 180 − 99 ＝ 81
⑩ (3 1) 143 − 58 ＝ 85

月　日 名前

ひき算の　ひっ算 ⑭

くり下がり　2回

つぎの　計算を　しましょう。

① (1 1) 123 − 35 ＝ 88
② (4 1) 152 − 63 ＝ 89
③ (0 1) 110 − 19 ＝ 91

④ (3 1) 148 − 79 ＝ 69
⑤ (5 1) 160 − 83 ＝ 77
⑥ (1 1) 120 − 22 ＝ 98

⑦ (6 1) 173 − 98 ＝ 75
⑧ (5 1) 162 − 76 ＝ 86
⑨ (0 1) 111 − 75 ＝ 36

⑩ (1 1) 125 − 48 ＝ 77
⑪ (2 1) 134 − 59 ＝ 75
⑫ (6 1) 170 − 85 ＝ 85

月　日 名前

ひき算の　ひっ算 ⑮

くりくり下がり

つぎの　計算(けいさん)を　しましょう。

① (9 1) 100 − 35 ＝ 65

- 一のくらいから　計算します。0−5は　できません。十のくらいも　くずせません。百のくらいを　くずします。10−5=5
- 十のくらいを　計算します。(十のくらいは　9に　なって　いる)　9−3=6

② (9 1) 101 − 46 ＝ 55
③ (9 1) 104 − 66 ＝ 38
④ (9 1) 107 − 59 ＝ 48

⑤ (9 1) 105 − 47 ＝ 58
⑥ (9 1) 102 − 38 ＝ 64
⑦ (9 1) 106 − 28 ＝ 78

⑧ (9 1) 103 − 54 ＝ 49
⑨ (9 1) 104 − 89 ＝ 15
⑩ (9 1) 108 − 79 ＝ 29

月　日 名前

ひき算の　ひっ算 ⑯

くりくり下がり

つぎの　計算を　しましょう。

① (9 1) 103 − 6 ＝ 97
② (9 1) 104 − 9 ＝ 95
③ (9 1) 102 − 7 ＝ 95

④ (9 1) 105 − 8 ＝ 97
⑤ (9 1) 101 − 4 ＝ 97
⑥ (9 1) 107 − 8 ＝ 99

⑦ (9 1) 108 − 9 ＝ 99
⑧ (9 1) 104 − 8 ＝ 96
⑨ (9 1) 100 − 5 ＝ 95

⑩ (9 1) 102 − 3 ＝ 99
⑪ (9 1) 106 − 7 ＝ 99
⑫ (9 1) 105 − 9 ＝ 96

月　日 名前

ひき算の　ひっ算 ⑰

いろいろな　計算

① つぎの　計算(けいさん)を　しましょう。

① $\begin{array}{r} 766 \\ -\ 34 \\ \hline 732 \end{array}$　② $\begin{array}{r} 685 \\ -\ 52 \\ \hline 633 \end{array}$　③ $\begin{array}{r} 567 \\ -\ 25 \\ \hline 542 \end{array}$

④ $\begin{array}{r} 474 \\ -\ 22 \\ \hline 452 \end{array}$　⑤ $\begin{array}{r} 397 \\ -\ 3 \\ \hline 394 \end{array}$　⑥ $\begin{array}{r} 853 \\ -\ 10 \\ \hline 843 \end{array}$

② 学校の　1年生の　人数(にんずう)は　103人、2年生の　人数は　89人です。ちがいは　何(なん)人ですか。

しき　103－89＝14

答(こた)え　14人

③ 758円の　おこずかいから　45円　つかいました。おこずかいは　何円　のこっていますか。

しき　758－45＝713

答え　713円

月　日 名前

ひき算の　ひっ算 ⑱

いろいろな　計算

① つぎの　計算を　しましょう。

① $\begin{array}{r} {\scriptstyle 6\,1}\ \ \\ 870 \\ -\ 16 \\ \hline 854 \end{array}$　② $\begin{array}{r} {\scriptstyle 7\,1}\ \ \\ 685 \\ -\ 37 \\ \hline 648 \end{array}$　③ $\begin{array}{r} {\scriptstyle 5\,1}\ \ \\ 967 \\ -\ 28 \\ \hline 939 \end{array}$

④ $\begin{array}{r} {\scriptstyle 8\,1}\ \ \\ 593 \\ -\ 66 \\ \hline 527 \end{array}$　⑤ $\begin{array}{r} 424 \\ -\ 24 \\ \hline 400 \end{array}$　⑥ $\begin{array}{r} 372 \\ -\ 72 \\ \hline 300 \end{array}$

② 色紙(いろがみ)が　104まい　あります。15まい　つかいました。のこりは　何まいですか。

しき　104－15＝89

答え　89まい

③ メダルを　250こ　作(つく)りました。32こ　くばると　のこりは　何こですか。

しき　250－32＝218

答え　218こ

まとめテスト　月　日 名前

まとめ ⑬

ひき算の　ひっ算

／50点

① つぎの　計算(けいさん)を　しましょう。（1つ5点／30点）

① $\begin{array}{r} {\scriptstyle 2\,1}\ \ \\ 135 \\ -\ 47 \\ \hline 88 \end{array}$　② $\begin{array}{r} 108 \\ -\ 32 \\ \hline 76 \end{array}$　③ $\begin{array}{r} {\scriptstyle 5\,1}\ \ \\ 162 \\ -\ 69 \\ \hline 93 \end{array}$

④ $\begin{array}{r} {\scriptstyle 9\,1}\ \ \\ 105 \\ -\ 28 \\ \hline 77 \end{array}$　⑤ $\begin{array}{r} 495 \\ -\ 54 \\ \hline 441 \end{array}$　⑥ $\begin{array}{r} {\scriptstyle 7\,1}\ \ \\ 386 \\ -\ 37 \\ \hline 349 \end{array}$

② 赤い　玉と　白い　玉が　合(あ)わせて　103こ　あります。赤い　玉は　57こです。白い　玉は　何(なん)こですか。（10点）

しき　103－57＝46

答(こた)え　46こ

③ 150ページ　ある　本を　42ページまで　読(よ)みました。のこりは　何ページですか。（10点）

しき　150－42＝108

答え　108ページ

まとめテスト　月　日 名前

まとめ ⑭

ひき算の　ひっ算

／50点

① つぎの　計算は　どのような　まちがいを　していますか。記(き)ごうで　答えましょう。（1つ10点／30点）

① $\begin{array}{r} 107 \\ -\ 4 \\ \hline 93 \end{array}$　② $\begin{array}{r} 152 \\ -\ 68 \\ \hline 94 \end{array}$　③ $\begin{array}{r} 612 \\ -\ 79 \\ \hline 667 \end{array}$

（　㋐　）　（　㋒　）　（　㋑　）

㋐くり下がりがないのにくり下がっている　㋑ひく数(かず)からひかれる数をひいている　㋒くり下がりをしていない

② 120まいの　色紙(いろがみ)から　35まい　つかうと　のこりは　何まいですか。（10点）

しき　120－35＝85

答え　85まい

③ 248円の　ケーキと　89円の　クッキーが　あります。ねだんの　ちがいは　何円ですか。（10点）

しき　248－89＝159

答え　159円

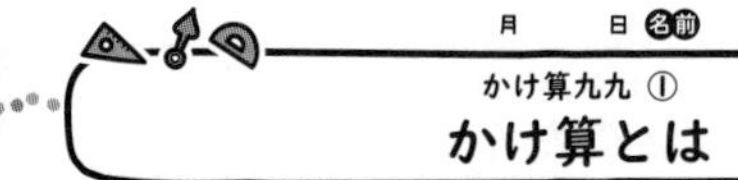

月　　日 名前

かけ算九九 ①

かけ算とは

① ボートには、何人　のって　いますか。

・１そうに　3人ずつ　のって　います。

・ボートは　4そう　あります。

3人ずつ		4そう分で		12人です。
3	×	4	=	12
１あたりの数	かける	いくつ分		

このような　計算を　かけ算と　いいます。

② ぜんぶの　数を　計算する　しきを　かきましょう。

みかんの　数

① 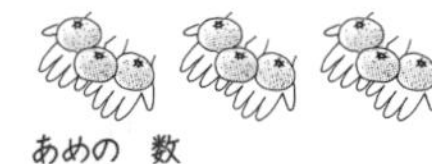 3 × 3

あめの　数

② 5 × 2

月　　日 名前

かけ算九九 ②

かけ算とは

● かけ算の　しきを　かきましょう。

① 耳は　いくつ？

2 × 4

１あたりの数　　いくつ分

② 花びらは　何まい？

5 × 3

③ 足は　何本？

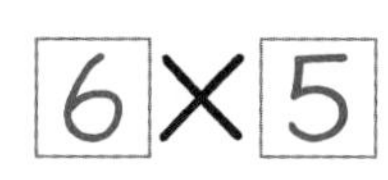

6 × 5

④ いちごは　いくつ？

7 × 2

⑤ どらやきは　いくつ？

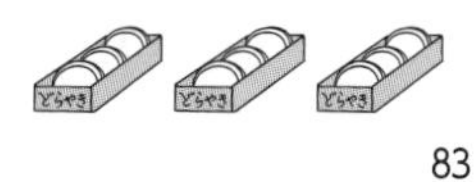

3 × 3

月　　日 名前

かけ算九九 ③

5のだん

● 5のだんの　かけ算を　かきましょう。

さくらの　花１つ　花びらは　5まい	１あたりの数		いくつ分		ぜんぶの数
	5（ご）	×	1（いち）	=	5（が ご）
	5（ご）	×	2（に）	=	10（じゅう）
	5（ご）	×	3（さん）	=	15（じゅうご）
	5（ご）	×	4（し）	=	20（にじゅう）
	5（ご）	×	5（ご）	=	25（にじゅうご）
	5（ご）	×	6（ろく）	=	30（さんじゅう）
	5（ご）	×	7（しち）	=	35（さんじゅうご）
	5（ご）	×	8（は）	=	40（しじゅう）
	5（ごっ）	×	9（く）	=	45（しじゅうご）

月　　日 名前

かけ算九九 ④

5のだん

① つぎの　計算を　しましょう。

① 5×8＝40　　② 5×6＝30

③ 5×4＝20　　④ 5×2＝10

⑤ 5×9＝45　　⑥ 5×7＝35

⑦ 5×1＝5　　⑧ 5×3＝15

⑨ 5×5＝25

② あめが　１ふくろに　5こ　入って　います。
8ふくろでは　あめは　何こに　なりますか。

しき　5×8＝40

答え　　40こ

③ 3まいの　おさらに　クッキーが　5まいずつ　のって　います。クッキーは　ぜんぶで　何まい　ありますか。

しき　5×3＝15

答え　　15まい

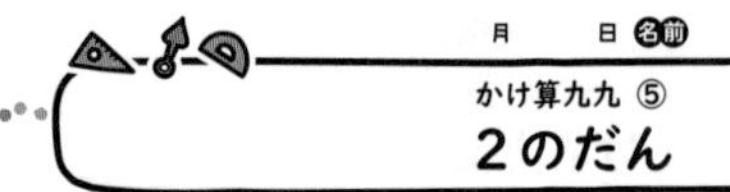

月　　日 名前

かけ算九九 ⑤

2のだん

2のだんの　かけ算(ざん)を　かきましょう。

さくらんぼ　1ふさに　2こ	1あたりの数(かず)	いくつ分(ぶん)	ぜんぶの数
	に 2	× いち 1	= が に 2
	に 2	× にん 2	= が し 4
	に 2	× さん 3	= が ろく 6
	に 2	× し 4	= が はち 8
	に 2	× ご 5	= じゅう 10
	に 2	× ろく 6	= じゅうに 12
	に 2	× しち 7	= じゅうし 14
	に 2	× はち 8	= じゅうろく 16
	に 2	× く 9	= じゅうはち 18

月　　日 名前

かけ算九九 ⑥

2のだん

① つぎの　計算(けいさん)を　しましょう。

① $2\times3=6$　② $2\times6=12$
③ $2\times8=16$　④ $2\times4=8$
⑤ $2\times1=2$　⑥ $2\times9=18$
⑦ $2\times7=14$　⑧ $2\times5=10$
⑨ $2\times2=4$

② 1さらに　おすしが　2かん　あります。3さらでは　おすしは　何(なん)かん　ありますか。

しき $2\times3=6$

答(こた)え　6かん

③ 6人が　2つずつ　いちごを　食(た)べました。ぜんぶで　何こ　食べましたか。

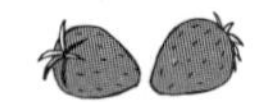

しき $2\times6=12$

答え　12こ

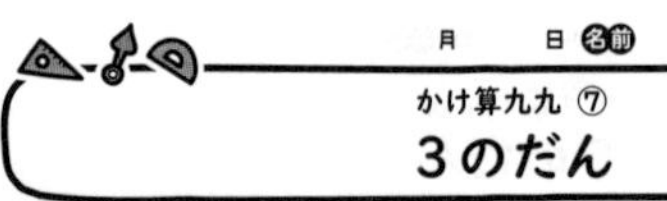

月　　日 名前

かけ算九九 ⑦

3のだん

3のだんの　かけ算(ざん)を　かきましょう。

クローバー　くき　1本　はっぱは　3まい	1あたりの数(かず)	いくつ分(ぶん)	ぜんぶの数
	さん 3	× いち 1	= が さん 3
	さん 3	× に 2	= が ろく 6
	さ 3	× ざん 3	= が く 9
	さん 3	× し 4	= じゅうに 12
	さん 3	× ご 5	= じゅうご 15
	さぶ 3	× ろく 6	= じゅうはち 18
	さん 3	× しち 7	= にじゅういち 21
	さん 3	× ぱ 8	= にじゅうし 24
	さん 3	× く 9	= にじゅうしち 27

月　　日 名前

かけ算九九 ⑧

3のだん

① つぎの　計算(けいさん)を　しましょう。

① $3\times6=18$　② $3\times2=6$
③ $3\times5=15$　④ $3\times7=21$
⑤ $3\times1=3$　⑥ $3\times8=24$
⑦ $3\times4=12$　⑧ $3\times3=9$
⑨ $3\times9=27$

② 1本に　だんごが　3こ　ついて　います。6本では　だんごは　何(なん)こ　ありますか。

しき $3\times6=18$

答(こた)え　18こ

③ 9人に　3まいずつ　画用紙(がようし)を　くばります。画用紙は　何まい　いりますか。

しき $3\times9=27$

答え　27まい

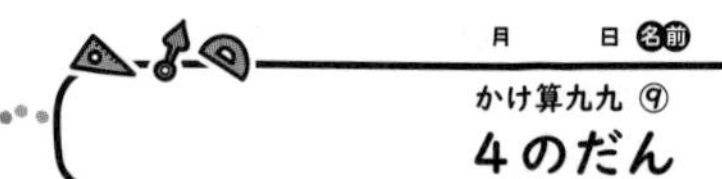

月　　日 名前

かけ算九九 ⑨

4のだん

4のだんの　かけ算を　かきましょう。

車　1台　タイヤは　4つ	1あたりの数	いくつ分	ぜんぶの数
	し 4	いち 1	が し 4
	し 4	に 2	が はち 8
	し 4	さん 3	じゅうに 12
	し 4	し 4	じゅうろく 16
	し 4	ご 5	にじゅう 20
	し 4	ろく 6	にじゅうし 24
	し 4	しち 7	にじゅうはち 28
	し 4	は 8	さんじゅうに 32
	し 4	く 9	さんじゅうろく 36

月　　日 名前

かけ算九九 ⑩

4のだん

① つぎの　計算を　しましょう。

① $4\times3=12$　② $4\times1=4$

③ $4\times7=28$　④ $4\times5=20$

⑤ $4\times2=8$　⑥ $4\times9=36$

⑦ $4\times6=24$　⑧ $4\times4=16$

⑨ $4\times8=32$

② 4人の　はんが　7つ　あります。
みんなで　何人　いますか。

しき $4\times7=28$

答え　28人

③ 3台の　車に　4人ずつ　のります。
ぜんぶで　何人が　車に　のれますか。

しき $4\times3=12$

答え　12人

月　　日 名前

かけ算九九 ⑪

6のだん

6のだんの　かけ算を　かきましょう。

1ケースに　ジュース　6本	1あたりの数	いくつ分	ぜんぶの数
	ろく 6	いち 1	が ろく 6
	ろく 6	に 2	じゅうに 12
	ろく 6	さん 3	じゅうはち 18
	ろく 6	し 4	にじゅうし 24
	ろく 6	ご 5	さんじゅう 30
	ろく 6	ろく 6	さんじゅうろく 36
	ろく 6	しち 7	しじゅうに 42
	ろく 6	は 8	しじゅうはち 48
	ろっ 6	く 9	ごじゅうし 54

月　　日 名前

かけ算九九 ⑫

6のだん

① つぎの　計算を　しましょう。

① $6\times6=36$　② $6\times4=24$

③ $6\times1=6$　④ $6\times9=54$

⑤ $6\times8=48$　⑥ $6\times2=12$

⑦ $6\times7=42$　⑧ $6\times5=30$

⑨ $6\times3=18$

② トランプを　6まいずつ　4人に　くばります。
トランプは　何まい　いりますか。

しき $6\times4=24$

答え　24まい

③ 8人が　6まいずつ　色紙を　もって　います。
色紙は　ぜんぶで　何まい　ありますか。

しき $6\times8=48$

答え　48まい

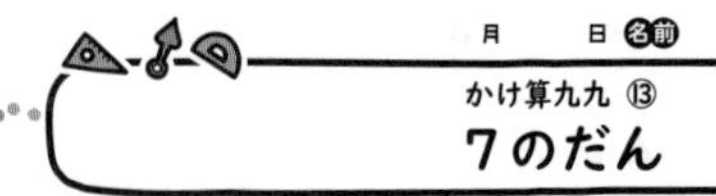

月　日 名前

かけ算九九 ⑬

7のだん

7のだんの　かけ算を　かきましょう。

てんとう虫　1ぴき　ほしは　7つ	1あたりの数	いくつ分	ぜんぶの数
	しち 7 ×	いち が 1 =	しち 7
	しち 7 ×	に 2 =	じゅうし 14
	しち 7 ×	さん 3 =	にじゅういち 21
	しち 7 ×	し 4 =	にじゅうはち 28
	しち 7 ×	ご 5 =	さんじゅうご 35
	しち 7 ×	ろく 6 =	しじゅうに 42
	しち 7 ×	しち 7 =	しじゅうく 49
	しち 7 ×	は 8 =	ごじゅうろく 56
	しち 7 ×	く 9 =	ろくじゅうさん 63

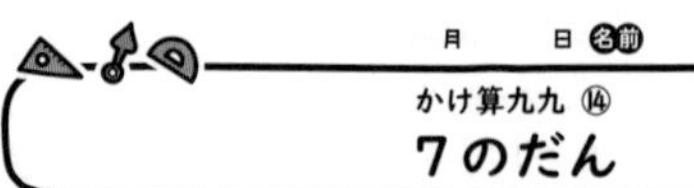

月　日 名前

かけ算九九 ⑭

7のだん

① つぎの　計算を　しましょう。

① 7×5=35　② 7×2=14
③ 7×4=28　④ 7×8=56
⑤ 7×7=49　⑥ 7×3=21
⑦ 7×6=42　⑧ 7×9=63
⑨ 7×1=7

② 1日に　7こずつ　たまごを　つかいます。5日間に　たまごを　何こ　つかいますか。

しき　7×5=35

答え　35こ

③ 3週間は　何日ですか。1週間は　7日です。

しき　7×3=21

答え　21日

月　日 名前

かけ算九九 ⑮

8のだん

8のだんの　かけ算を　かきましょう。

タコ　1ぴき　足は　8本	1あたりの数	いくつ分	ぜんぶの数
	はち 8 ×	いち が 1 =	はち 8
	はち 8 ×	に 2 =	じゅうろく 16
	はち 8 ×	さん 3 =	にじゅうし 24
	はち 8 ×	し 4 =	さんじゅうに 32
	はち 8 ×	ご 5 =	しじゅう 40
	はち 8 ×	ろく 6 =	しじゅうはち 48
	はち 8 ×	しち 7 =	ごじゅうろく 56
	はっ 8 ×	ぱ 8 =	ろくじゅうし 64
	はっ 8 ×	く 9 =	しちじゅうに 72

月　日 名前

かけ算九九 ⑯

8のだん

① つぎの　計算を　しましょう。

① 8×1=8　② 8×4=32
③ 8×6=48　④ 8×2=16
⑤ 8×9=72　⑥ 8×5=40
⑦ 8×3=24　⑧ 8×8=64
⑨ 8×7=56

② あめが　8こ　入った　ふくろが　9ふくろ　あります。あめは　ぜんぶで　何こ　ありますか。

しき　8×9=72

答え　72こ

③ 4人で　8こずつ　たこやきを　食べました。ぜんぶで　たこやきを　何こ　食べましたか。

しき　8×4=32

答え　32こ

月　　日 名前

かけ算九九 ⑰

9のだん

9のだんの　かけ算(さん)を　かきましょう。

ふうせん　1たば　9こ	1あたりの数(かず)	いくつ分(ぶん)	ぜんぶの数
	く 9	× いち 1	が く = 9
	く 9	× に 2	じゅうはち = 18
	く 9	× さん 3	にじゅうしち = 27
	く 9	× し 4	さんじゅうろく = 36
	く 9	× ご 5	しじゅうご = 45
	く 9	× ろく 6	ごじゅうし = 54
	く 9	× しち 7	ろくじゅうさん = 63
	く 9	× は 8	しちじゅうに = 72
	く 9	× く 9	はちじゅういち = 81

月　　日 名前

かけ算九九 ⑱

9のだん

① つぎの　計算(けいさん)を　しましょう。

① 9×7=63　② 9×3=27

③ 9×5=45　④ 9×1=9

⑤ 9×4=36　⑥ 9×9=81

⑦ 9×8=72　⑧ 9×6=54

⑨ 9×2=18

② 9まい入りの　ガムが　3つ　あります。ガムは　ぜんぶで　何(なん)まい　ありますか。

しき 9×3=27

答(こた)え　27まい

③ 5人に　9まいずつ　色紙(いろがみ)を　くばります。色紙は　ぜんぶで　何まいですか。

しき 9×5=45

答え　45まい

月　　日 名前

かけ算九九 ⑲

1のだん

1のだんの　かけ算(さん)を　かきましょう。

おにぎり　1つに　うめぼし　1こ	1あたりの数(かず)	いくつ分(ぶん)	ぜんぶの数
	いん 1	× いち 1	が いち = 1
	いん 1	× に 2	が に = 2
	いん 1	× さん 3	が さん = 3
	いん 1	× し 4	が し = 4
	いん 1	× ご 5	が ご = 5
	いん 1	× ろく 6	が ろく = 6
	いん 1	× しち 7	が しち = 7
	いん 1	× はち 8	が はち = 8
	いん 1	× く 9	が く = 9

月　　日 名前

かけ算九九 ⑳

1のだん

① つぎの　計算(けいさん)を　しましょう。

① 1×3=3　② 1×1=1

③ 1×7=7　④ 1×4=4

⑤ 1×2=2　⑥ 1×9=9

⑦ 1×5=5　⑧ 1×8=8

⑨ 1×6=6

② 1Lの　水の　入った　ペットボトルが　6本　あります。水は　ぜんぶで　何(なん)Lですか。

しき 1×6=6

答(こた)え　6L

③ 8人の　子どもが　1本ずつ　かさを　もって　います。かさは　ぜんぶで　何本ですか。

しき 1×8=8

答え　8本

月　日 名前

かけ算九九 ㉑

れんしゅう

九九の　れんしゅうを　しましょう。

① 1×2=2　② 1×5=5

③ 1×1=1　④ 1×3=3

⑤ 1×6=6　⑥ 1×4=4

⑦ 1×9=9　⑧ 1×7=7

⑨ 1×8=8　⑩ 2×3=6

⑪ 2×1=2　⑫ 2×4=8

⑬ 2×2=4　⑭ 2×5=10

⑮ 2×8=16　⑯ 2×6=12

⑰ 2×9=18　⑱ 2×7=14

月　日 名前

かけ算九九 ㉒

れんしゅう

九九の　れんしゅうを　しましょう。

① 3×3=9　② 3×2=6

③ 3×1=3　④ 3×6=18

⑤ 3×5=15　⑥ 3×4=12

⑦ 3×7=21　⑧ 3×9=27

⑨ 3×8=24　⑩ 4×4=16

⑪ 4×3=12　⑫ 4×6=24

⑬ 4×1=4　⑭ 4×5=20

⑮ 4×2=8　⑯ 4×8=32

⑰ 4×7=28　⑱ 4×9=36

月　日 名前

かけ算九九 ㉓

れんしゅう

九九の　れんしゅうを　しましょう。

① 5×3=15　② 5×4=20

③ 5×2=10　④ 5×5=25

⑤ 5×1=5　⑥ 5×6=30

⑦ 5×8=40　⑧ 5×7=35

⑨ 5×9=45　⑩ 6×2=12

⑪ 6×1=6　⑫ 6×6=36

⑬ 6×4=24　⑭ 6×7=42

⑮ 6×3=18　⑯ 6×5=30

⑰ 6×8=48　⑱ 6×9=54

月　日 名前

かけ算九九 ㉔

れんしゅう

九九の　れんしゅうを　しましょう。

① 7×1=7　② 7×5=35

③ 7×2=14　④ 7×6=42

⑤ 7×3=21　⑥ 7×7=49

⑦ 7×4=28　⑧ 7×8=56

⑨ 7×9=63　⑩ 8×3=24

⑪ 8×1=8　⑫ 8×6=48

⑬ 8×4=32　⑭ 8×7=56

⑮ 8×2=16　⑯ 8×5=40

⑰ 8×9=72　⑱ 8×8=64

月　日 名前

かけ算九九 ㉕

れんしゅう

九九の　れんしゅうを　しましょう。

① 9×2=18	② 9×3=27
③ 9×1=9	④ 9×5=45
⑤ 9×4=36	⑥ 9×9=81
⑦ 9×7=63	⑧ 9×6=54
⑨ 9×8=72	⑩ 3×9=27
⑪ 1×9=9	⑫ 2×9=18
⑬ 7×9=63	⑭ 5×9=45
⑮ 4×9=36	⑯ 6×9=54
⑰ 8×9=72	⑱ 9×9=81

106

月　日 名前

かけ算九九 ㉖

れんしゅう

九九の　れんしゅうを　しましょう。

① 1×2=2	② 2×3=6
③ 2×2=4	④ 1×4=4
⑤ 2×1=2	⑥ 3×2=6
⑦ 1×3=3	⑧ 1×5=5
⑨ 2×4=8	⑩ 2×6=12
⑪ 3×1=3	⑫ 1×7=7
⑬ 2×5=10	⑭ 1×6=6
⑮ 2×7=14	⑯ 2×9=18
⑰ 1×8=8	⑱ 3×3=9
⑲ 1×9=9	⑳ 2×8=16

107

月　日 名前

かけ算九九 ㉗

れんしゅう

九九の　れんしゅうを　しましょう。

① 3×4=12	② 4×1=4
③ 3×6=18	④ 4×3=12
⑤ 5×2=10	⑥ 3×8=24
⑦ 4×6=24	⑧ 5×1=5
⑨ 3×7=21	⑩ 4×9=36
⑪ 4×8=32	⑫ 3×5=15
⑬ 4×4=16	⑭ 5×3=15
⑮ 4×2=8	⑯ 3×9=27
⑰ 4×5=20	⑱ 5×4=20
⑲ 4×7=28	⑳ 5×5=25

108

月　日 名前

かけ算九九 ㉘

れんしゅう

九九の　れんしゅうを　しましょう。

① 6×9=54	② 5×6=30
③ 6×1=6	④ 7×7=49
⑤ 5×9=45	⑥ 6×4=24
⑦ 7×1=7	⑧ 5×8=40
⑨ 6×5=30	⑩ 7×6=42
⑪ 6×3=18	⑫ 7×4=28
⑬ 6×8=48	⑭ 5×7=35
⑮ 6×2=12	⑯ 7×3=21
⑰ 6×6=36	⑱ 7×2=14
⑲ 6×7=42	⑳ 7×5=35

109

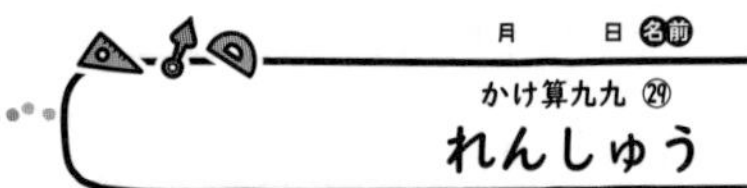

月　日 名前

かけ算九九 ㉙

れんしゅう

● 九九の　れんしゅうを　しましょう。

① 8×3＝24　② 9×2＝18
③ 7×8＝56　④ 9×3＝27
⑤ 8×1＝8　⑥ 9×6＝54
⑦ 7×9＝63　⑧ 9×1＝9
⑨ 8×2＝16　⑩ 9×4＝36
⑪ 8×4＝32　⑫ 8×7＝56
⑬ 9×8＝72　⑭ 8×5＝40
⑮ 9×7＝63　⑯ 8×8＝64
⑰ 9×5＝45　⑱ 8×6＝48
⑲ 9×9＝81　⑳ 8×9＝72

月　日 名前

かけ算九九 ㉚

れんしゅう

① 2のだんから　6のだんの　九九の　答えを　かきましょう。

	1	2	3	4	5	6	7	8	9
2のだん	2	4	6	8	10	12	14	16	18
3のだん	3	6	9	12	15	18	21	24	27
4のだん	4	8	12	16	20	24	28	32	36
5のだん	5	10	15	20	25	30	35	40	45
6のだん	6	12	18	24	30	36	42	48	54

② かける　数が　ばらばらに　なって　います。
7のだんから　9のだんの　九九の　答えを　かきましょう。

	2	4	7	9	1	6	8	3	5
7のだん	14	28	49	63	7	42	56	21	35
8のだん	16	32	56	72	8	48	64	24	40
9のだん	18	36	63	81	9	54	72	27	45

まとめテスト　月　日 名前

まとめ ⑮

かけ算九九

50点

① つぎの　計算を　しましょう。（1つ3点／30点）

① 5×5＝25　② 9×4＝36
③ 8×7＝56　④ 2×7＝14
⑤ 1×3＝3　⑥ 9×8＝72
⑦ 6×8＝48　⑧ 4×6＝24
⑨ 3×6＝18　⑩ 7×7＝49

② 8こずつ　入った　ドーナツが　6はこ　あります。ドーナツは　ぜんぶで　何こ　ありますか。（10点）

しき 8×6＝48

答え 48こ

③ 6人に　4まいずつ　色紙を　くばります。
色紙は　何まい　いりますか。（10点）

しき 4×6＝24

答え 24まい

まとめテスト　月　日 名前

まとめ ⑯

かけ算九九

50点

① つぎの　計算を　しましょう。（1つ3点／30点）

① 3×7＝21　② 6×9＝54
③ 9×6＝54　④ 7×6＝42
⑤ 2×4＝8　⑥ 8×4＝32
⑦ 5×7＝35　⑧ 7×8＝56
⑨ 1×4＝4　⑩ 4×7＝28

② 6cmの　テープを　6本　つなぎました。
つないだ　テープの　長さは　何cmですか。（10点）

しき 6×6＝36

答え 36cm

③ ●の　数を　かけ算を　つかって　もとめましょう。（10点）

しき 2×3＋2×5＝6＋10＝16

答え 16

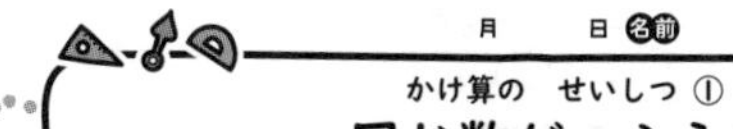

月　日 名前

かけ算の　せいしつ ①

同じ数が　ふえる

● ●の 数に ついて、考えましょう。

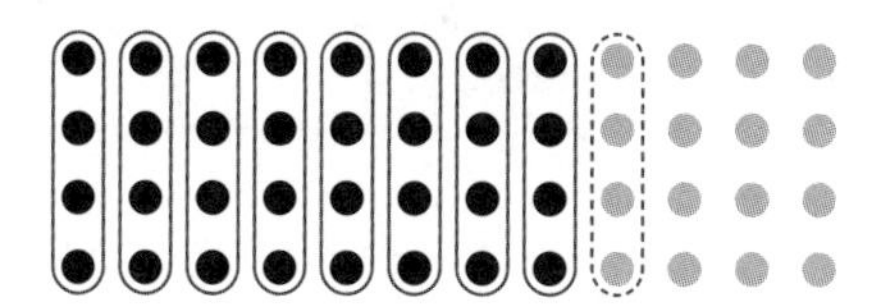

たてに 4こずつ ならんで いる ●が、8れつ ありま す。(　)に 数を かきましょう。

4×8=32
9れつに なると　4 ふえる
4×9=36
10れつに なると　4 ふえる
4×10=40
11れつに なると　4 ふえる
4×11=(44)
12れつに なると　4 ふえる
4×12=(48)

月　日 名前

かけ算の　せいしつ ②

同じ数が　ふえる

1 ●の 数に ついて、考えましょう。

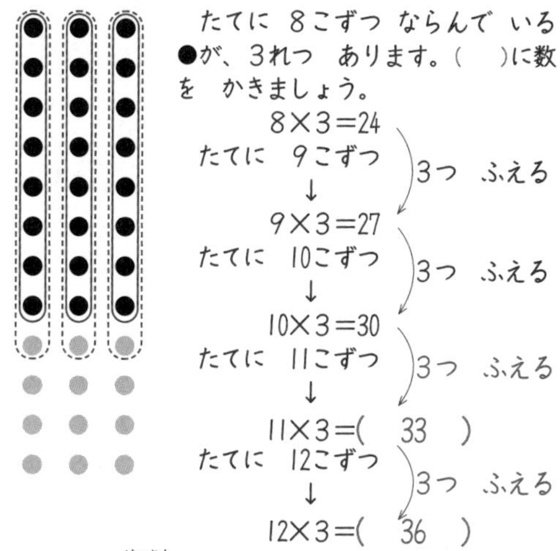

たてに 8こずつ ならんで いる ●が、3れつ あります。(　)に 数を かきましょう。

8×3=24
たてに 9こずつ　3つ ふえる
↓
9×3=27
たてに 10こずつ　3つ ふえる
↓
10×3=30
たてに 11こずつ　3つ ふえる
↓
11×3=(33)
たてに 12こずつ　3つ ふえる
↓
12×3=(36)

2 つぎの 計算を しましょう。

① 5×9=45　② 5×10=50

③ 5×11=55　④ 9×2=18

⑤ 10×2=20　⑥ 11×2=22

月　日 名前

三角形と 四角形 ①

三角形・四角形とは

1 3つの 点ア、イ、ウを、3本の 直線で つなぎましょう。

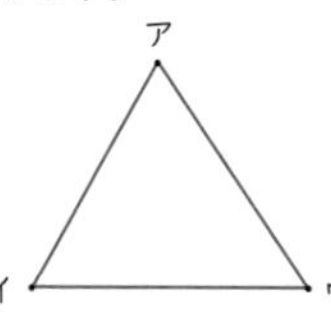

三角形
3本の 直線で かこまれた 形を、**三角形**と いいます。
(3回 読みましょう。)

2 4つの 点ア、イ、ウ、エを、じゅんに 4本の 直線で つなぎましょう。

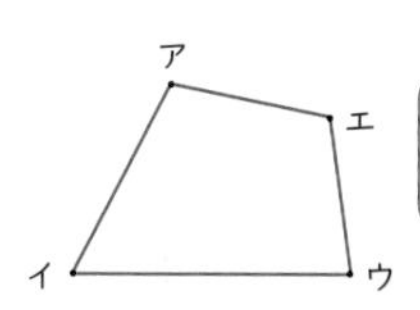

四角形
4本の 直線で かこまれた 形を、**四角形**と いいます。
(3回 読みましょう。)

3 □に あてはまる ことばを かきましょう。

① 3本の 直線で かこまれた 形を [三角形] と いいます。

② 4本の [直線] で かこまれた 形を 四角形と いいます。

月　日 名前

三角形と 四角形 ②

三角形・四角形とは

● 図を 見て 答えましょう。

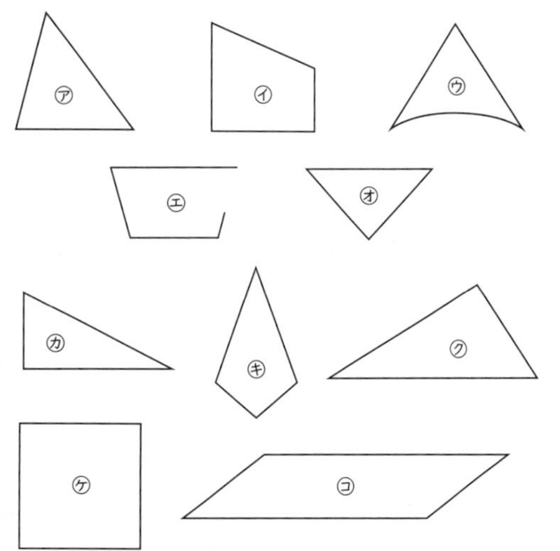

① 三角形の 記ごうを かきましょう。　ア オ カ ク

② 四角形の 記ごうを かきましょう。　イ キ ケ コ

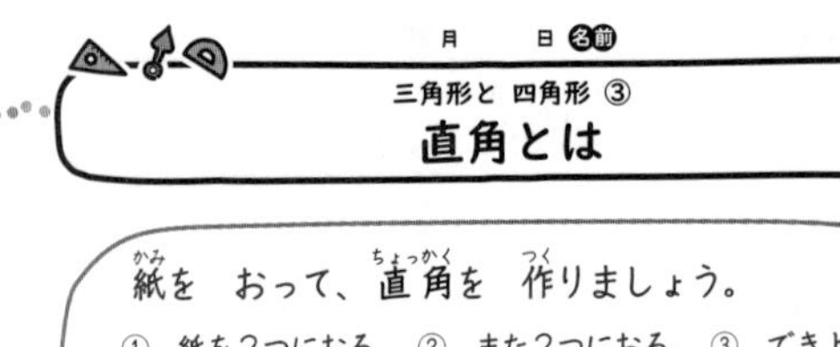

月　日 名前

三角形と 四角形 ③

直角とは

紙を　おって、直角を　作りましょう。

① 紙を2つにおる。② また2つにおる。③ でき上がり。

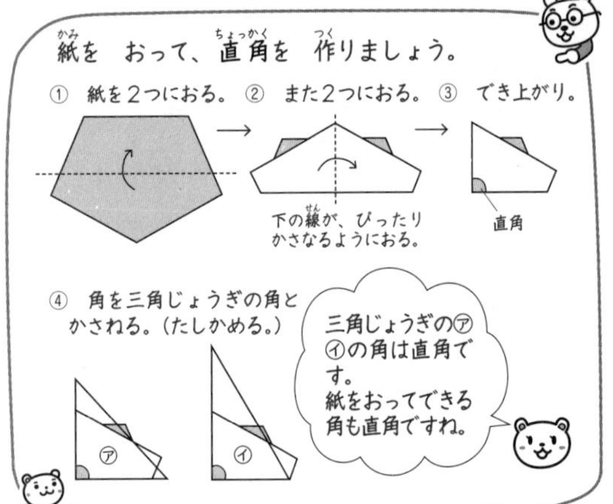

④ 角を三角じょうぎの角と
かさねる。(たしかめる。)

三角じょうぎの㋐㋑の角は直角です。
紙をおってできる角も直角ですね。

● 三角じょうぎを　つかって、直角に　なって　いるところに　○を　つけましょう。

①　②　③

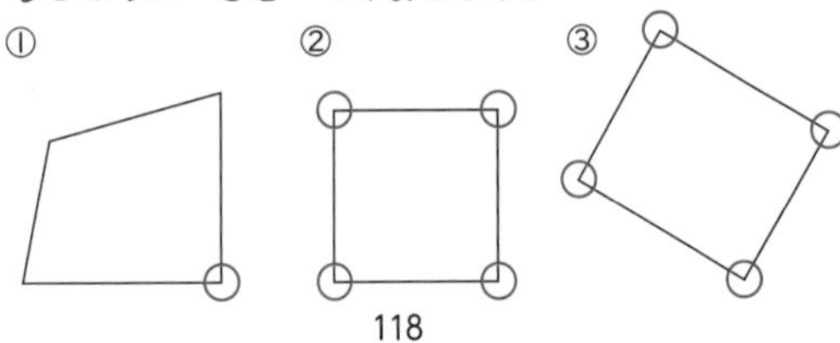

月　日 名前

三角形と 四角形 ④

長方形

4つの　角が　みんな　直角に　なって　いる　四角形を、長方形と　いいます。

四角形で、まわりの　直線を　へん、角の　点を　ちょう点と　いいます。

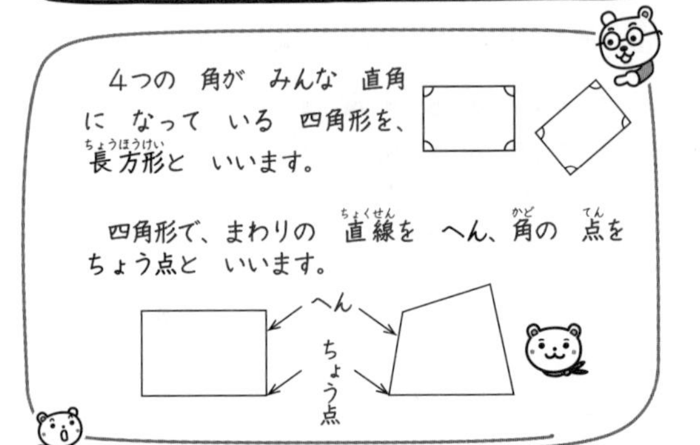

● 長方形の　紙を、図のように　おって、長方形の　むかいあって　いる　へんの　長さを　くらべましょう。□に　あてはまる　ことばを　かきましょう。

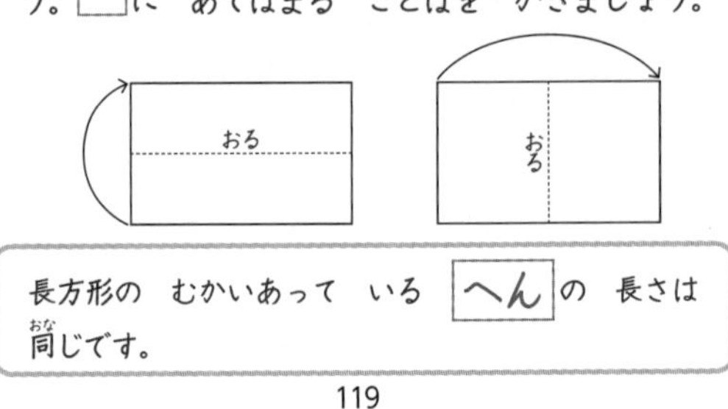

長方形の　むかいあって　いる［へん］の　長さは　同じです。

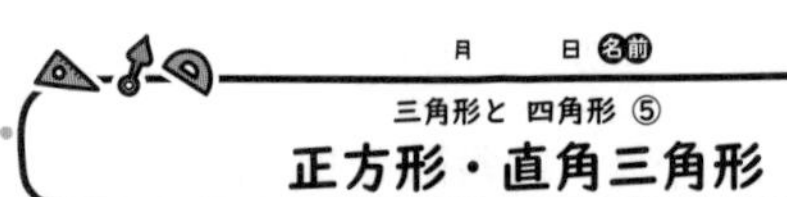

月　日 名前

三角形と 四角形 ⑤

正方形・直角三角形

● おり紙を　図のように　おって、へんの　長さを　くらべましょう。□に　あてはまる　ことばを　かきましょう。

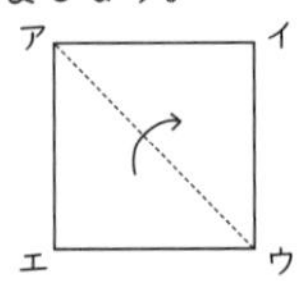

・イとエのちょう点を合わせる。

・アとウのちょう点を合わせる。

4つの　角が　みんな　直角で、4つの［へん］の　長さが　みんな　同じ　四角形を　正方形と　いいます。

直角の　角の　ある　三角形を　直角三角形と　いいます。
三角形で、まわりの　直線を　へん、角の　点を　ちょう点と　いいます。

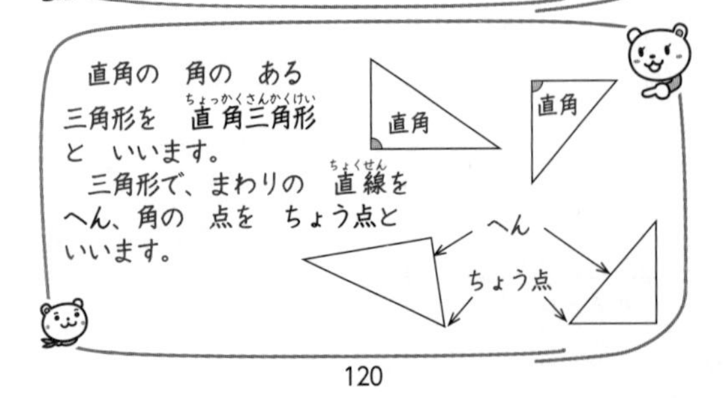

月　日 名前

三角形と 四角形 ⑥

いろいろな　形

① つぎの　□に　あてはまる　数を　かきましょう。

四角形には、へんが ①［4］本、ちょう点が ②［4］こ　あります。

三角形には、へんが ③［3］本、ちょう点が ④［3］こ　あります。

② 図形の　名前を、右から　えらんで　かきましょう。

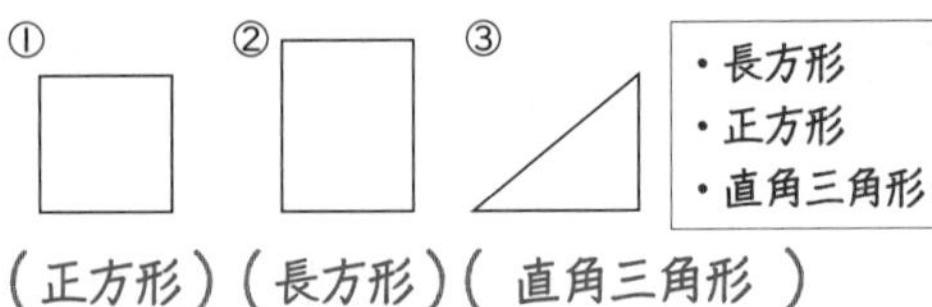

・長方形
・正方形
・直角三角形

(正方形)(長方形)(直角三角形)

③ 線は、みんな　直角に　交わって　います。
長方形・正方形・直角三角形を、1つずつ　かきましょう。(大きさや　長さは　じゆうです。)

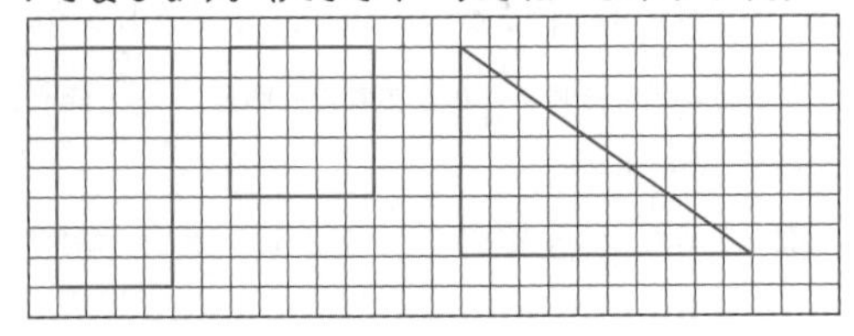

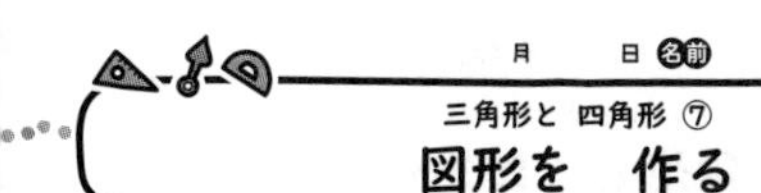

月　日 名前

三角形と 四角形 ⑦

図形を　作る

を　4まい　つかって、形(かたち)を　作(つく)りました。線(せん)を　ひいて　4まいに　分(わ)けましょう。

①

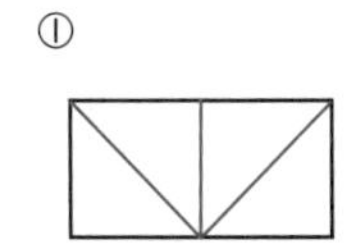

②

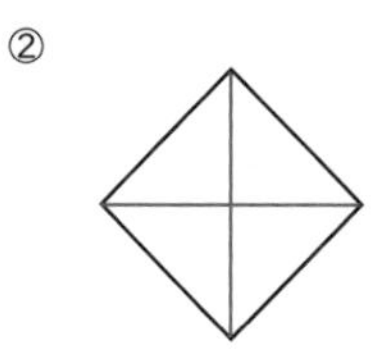

③

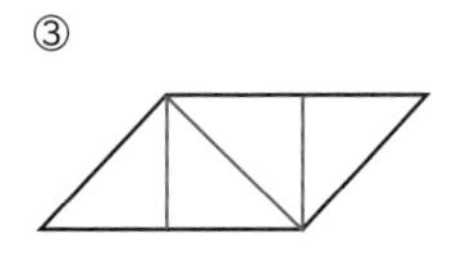

④

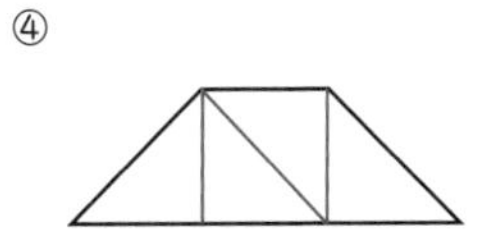

⑤

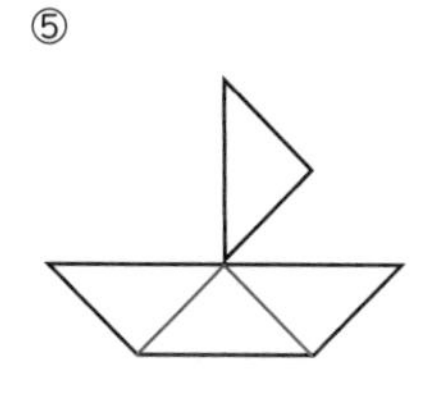

⑥

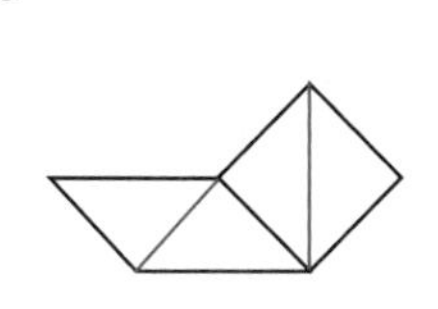

月　日 名前

三角形と 四角形 ⑧

図形を　作る

の　形は、何(なん)まい　ありますか。

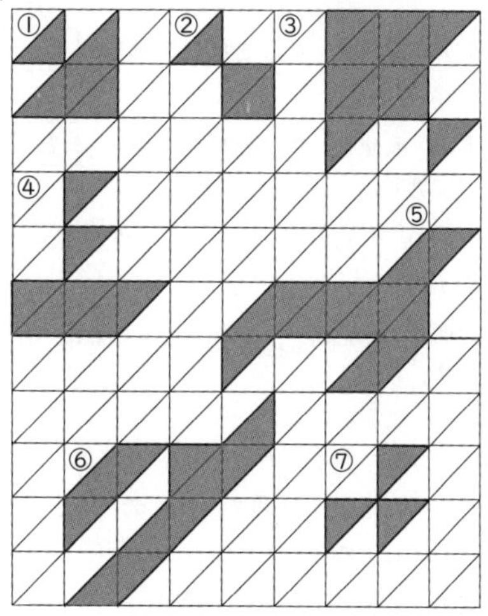

①（　5　）まい　②（　3　）まい
③（　11　）まい　④（　7　）まい
⑤（　12　）まい　⑥（　11　）まい
⑦（　3　）まい

月　日 名前

三角形と 四角形 ⑨

正方形・長方形・直角三角形を　かく

① 1cmの　方(ほう)がんに　正方形(せいほうけい)と　長方形(ちょうほうけい)を　かきましょう。

① 1つの　へんの　長(なが)さが　4cmの　正方形　② 1つの　へんの　長さが　5cmの　正方形

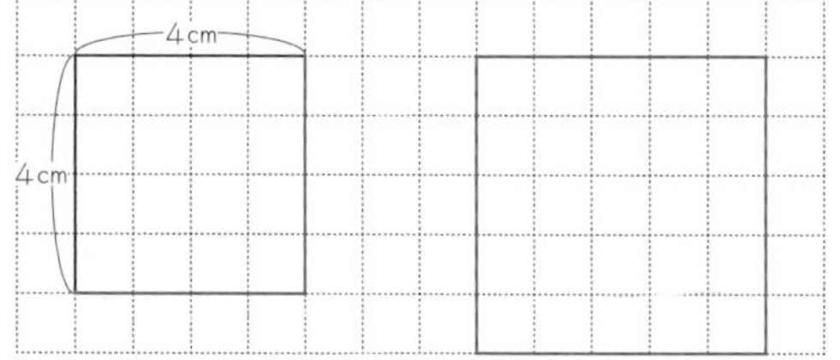

③ たて2cm　よこ3cmの　長方形　④ たて3cm　よこ5cmの　長方形

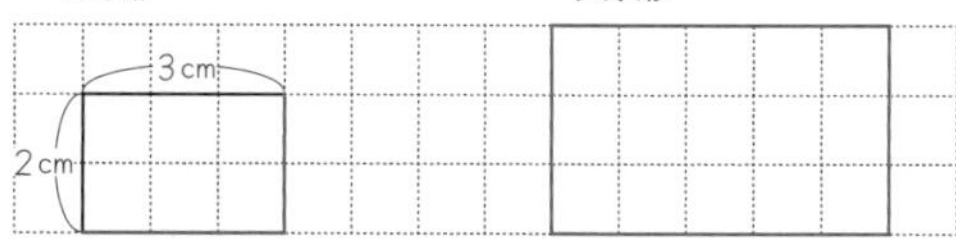

⑤ たて1cm　よこ10cmの　長方形

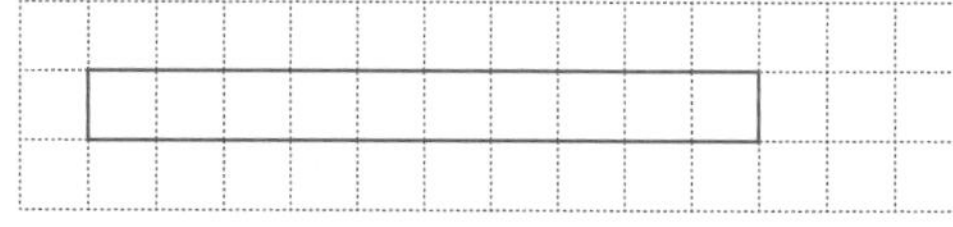

月　日 名前

三角形と 四角形 ⑩

正方形・長方形・直角三角形を　かく

① 1cmの　方がんに　直角三角形(ちょっかくさんかくけい)を　かきましょう。

① 直角の　りょうがわの　へんの　長さが　3cmの　直角三角形　② 直角の　りょうがわの　へんの　長さが　4cmの　直角三角形

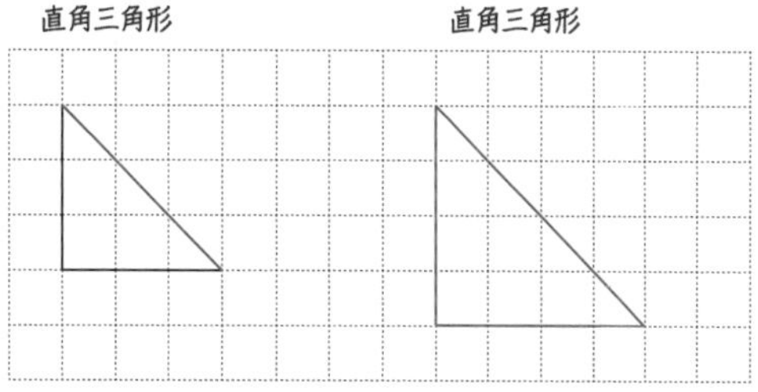

③ 直角の　りょうがわの　へんの　長さが　2cmと　3cmの　直角三角形　④ 直角の　りょうがわの　へんの　長さが　4cmと　5cmの　直角三角形

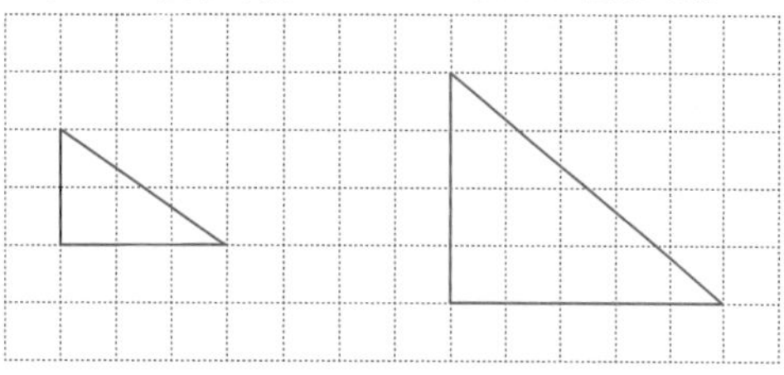

まとめテスト　月　日 名前

まとめ ⑰

三角形と　四角形

50点

1 □に　あてはまる　ことばや　数を　かきましょう。（1つ5点／20点）

① 3本の　直線で　かこまれた　形を［三角形］と　いいます。

② 4本の　直線で　かこまれた　形を［四角形］と　いいます。

③ 三角形の　へんは［3］本、ちょう点は［3］こ　あります。

④ 四角形の　へんは［4］本、ちょう点は［4］こ　あります。

2 つぎのような　形を　何と　いいますか。（1つ10点／30点）

① かどが　みんな　直角で　へんの　長さが　みんな　同じ　四角形。（　正方形　）

② 直角の　かどが　ある　三角形。（直角三角形）

③ かどが　みんな　直角に　なっている　四角形。（　長方形　）

まとめテスト　月　日 名前

まとめ ⑱

三角形と　四角形

50点

1 長方形、正方形、直角三角形は　どれですか。記ごうで　答えましょう。（1つ10点／30点）

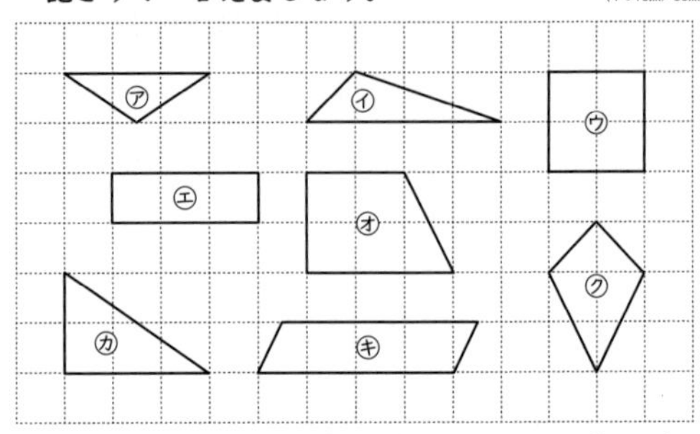

長方形（ エ ）　正方形（ ウ ）　直角三角形（ カ ）

2 つぎの　形を　方がんに　かきましょう。（1つ10点／20点）

① 1つの　へんの　長さが　3cmの　正方形。

② 直角に　なる　2つの　へんの　長さが　3cmと　4cmの　直角三角形。

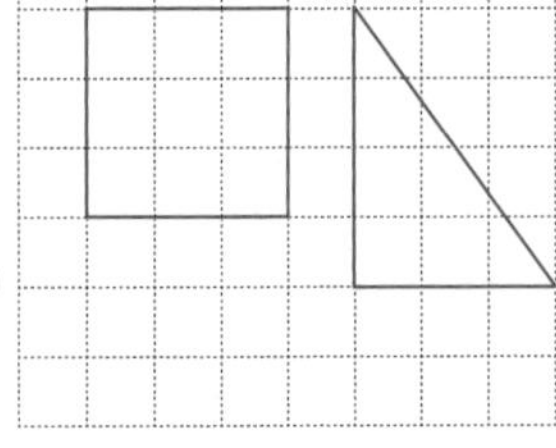

月　日 名前

はこの　形 ①

めん・へん・ちょう点

はこの　めんの　形を、紙に　うつしとりました。

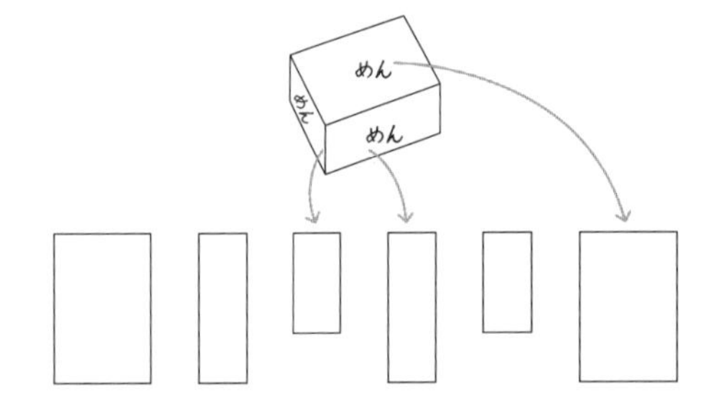

① うつしとった　めんの　形は、何と　いう　四角形ですか。（　長方形　）

② めんは　何こ　ありますか。（　6こ　）

③ 同じ　大きさの　めんは、何こずつ　ありますか。（　2こ　）ずつ

月　日 名前

はこの　形 ②

めん・へん・ちょう点

竹ひごと　ねん土玉で、はこのような　形を　作りました。

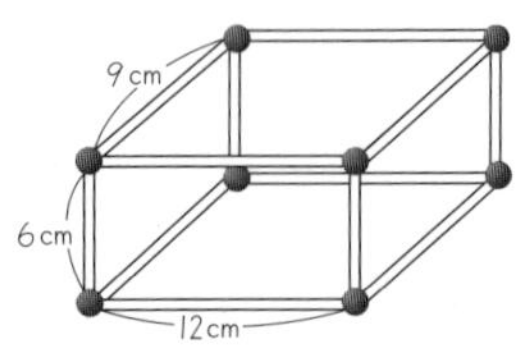

① つぎの　長さの　竹ひごを、何本ずつ　つかって　いますか。

㋐ 6cmの　竹ひご（　4　）本

㋑ 9cmの　竹ひご（　4　）本

㋒ 12cmの　竹ひご（　4　）本

② 竹ひごは、ぜんぶで　何本　つかって　いますか。（　12　）本

③ ねん土玉は、ぜんぶで　何こ　つかって　いますか。（　8　）こ

月　日 名前

はこの　形 ③

めん・へん・ちょう点

前ページの　はこの　形の、竹ひごに あたる　ところを、へんと　いいます。
また、ねん土玉のところを、ちょう点と いいます。

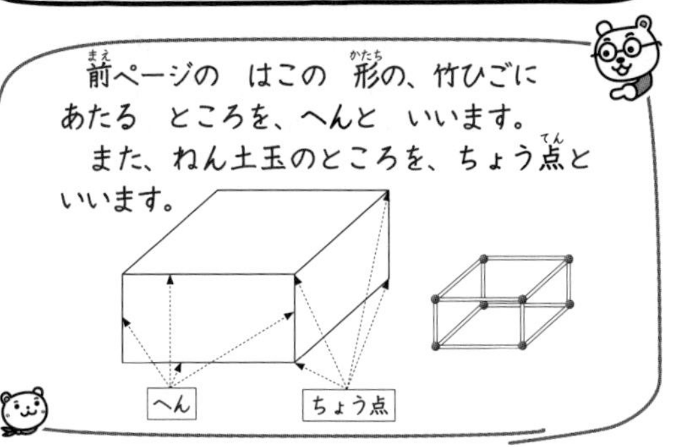

① はこの　形には、へんや　ちょう点は、いくつ ありますか。上の　図で、見えない　ところも 考えましょう。

① へん（　12　）　② ちょう点（　8　）

② はこの　形について、しらべましょう。

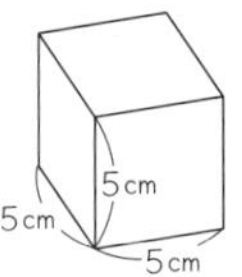

① 5cmの　へんの　数。（　12　）

② ちょう点の　数。（　8　）

③ めんの　数。（　6　）

月　日 名前

はこの　形 ④

めん・へん・ちょう点

● 紙を　つないで、はこを　作りました。
できた　はこの　へんの　長さを、かきましょう。

①

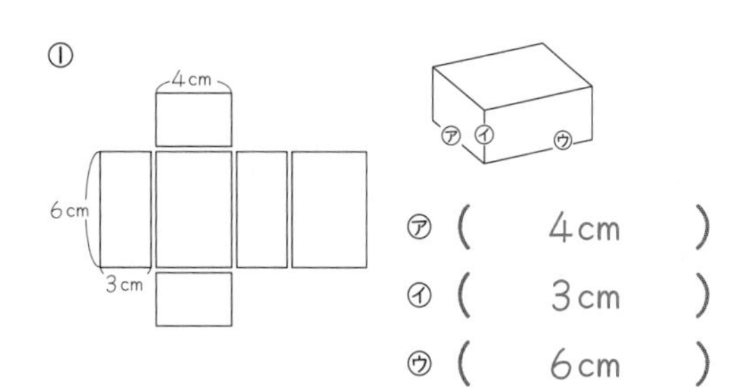

ア（　4cm　）
イ（　3cm　）
ウ（　6cm　）

②

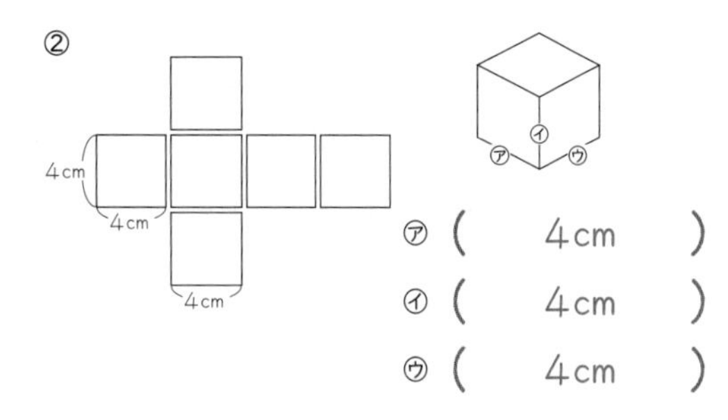

ア（　4cm　）
イ（　4cm　）
ウ（　4cm　）

月　日 名前

水の　かさ ①

おぼえて　いるかな

● かさの　多い方に　○を　つけましょう。

① イに　水を　いっぱい　入れて、アに　入れかえ ました。

ア（　○　）
イ（　　）

② アと　イに　水を　いっぱい　入れて、同じ　大きさの　入れものに　入れかえました。

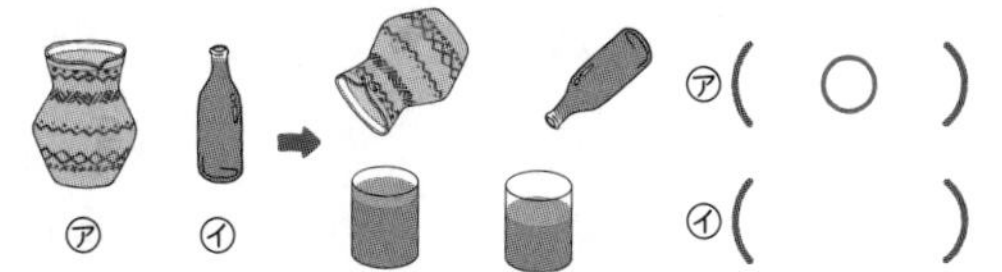

ア（　○　）
イ（　　）

かさを　くらべる　ときに、ちがった　入れもので　はかると、正しく　くらべる　ことが　できません。
そこで　せかい中の　人が　つかう　かさの　たんいを　きめました。

1リットル（1L）ますです。

月　日 名前

水の　かさ ②

1L（リットル）

バケツに　入る　水の　かさを はかる　ときには、1リットルます を　つかいます。
1リットルは、1Lと かきます。リットル(L)は かさの　たんいです。

① Lの　かき方を　れんしゅうしましょう。

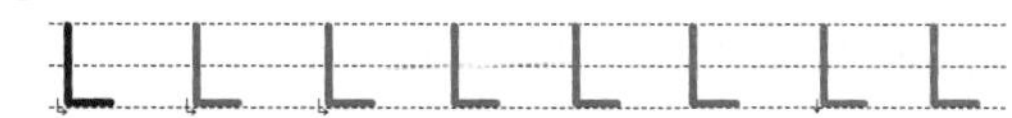

② アの　バケツには、1Lます　5つ分の　水が　入ります。

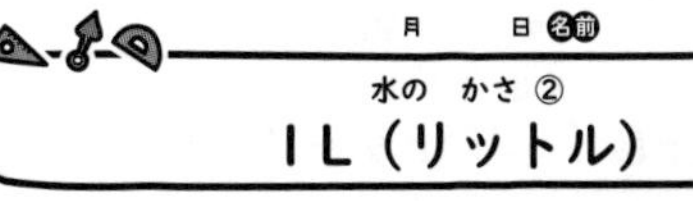

これを　5L（リットル） と　いいます。

ア（　5L　）

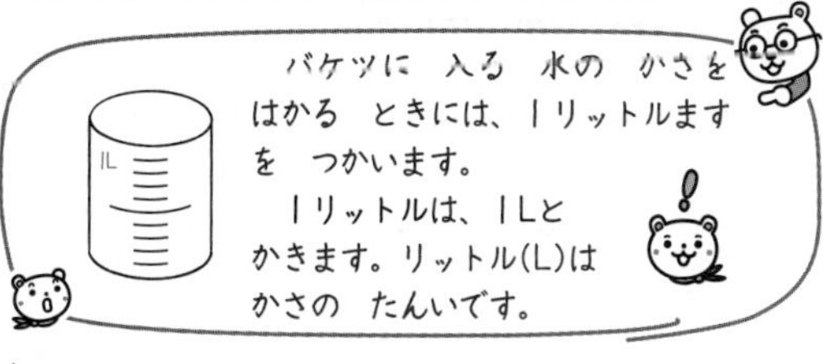

イの　バケツには、水は 何L　入りますか。

（　6L　）

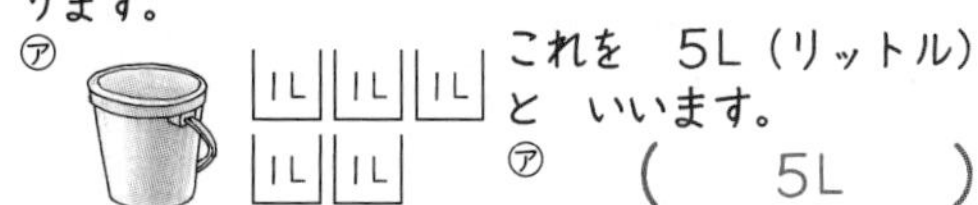

ウの　ペットボトルには、何L　入りますか。

（　2L　）

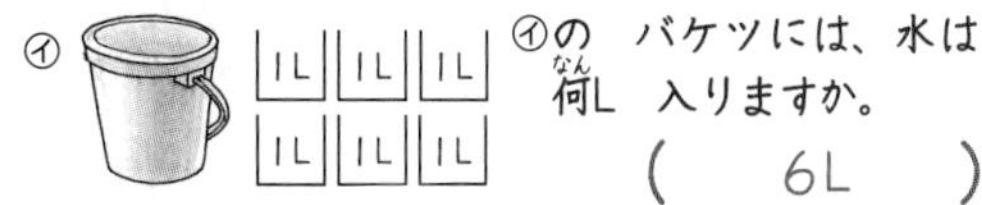

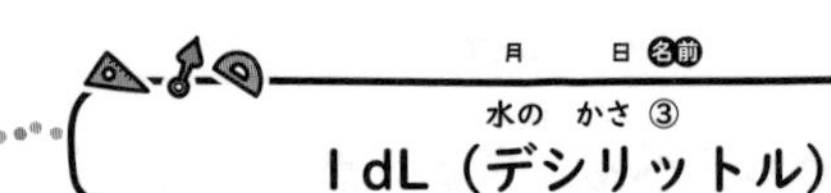

月　日 名前

水の　かさ ③

1 dL（デシリットル）

ペットボトルの　お茶(ちゃ)の　りょうを　はかったら、下のように　なりました。

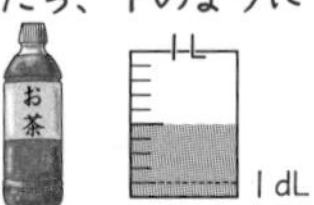

1Lを10こに分(わ)けた1つ分(ぶん)を1デシリットルといい、1dLとかきます。

ペットボトルの　お茶は　5つ目の　めもりまでなので、5dLです。
デシリットル（dL）は、かさの　たんいです。

① dLの　かき方(かた)を　れんしゅうしましょう。

dL dL dL dL dL dL

② 1Lますに、1dLますで　水が　何(なん)ばい　入るか　しらべました。1Lは、何dLですか。

1L ＝ 1dL 1dL 1dL 1dL 1dL 1dL 1dL 1dL 1dL 1dL　　1L＝ 10 dL

③ かさは、何L何dLですか。

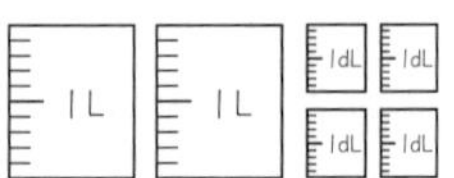

（ 2 L 4 dL）

月　日 名前

水の　かさ ④

L・dL

① 1L5dLの　ペットボトルと　2dLの　パックに　入った　オレンジジュースが　あります。

① 合(あ)わせると　何L何dLに　なりますか。

しき　1L5dL＋2dL＝1L7dL

答(こた)え　1L7dL

② ちがいは、どれだけですか。

しき　1L5dL－2dL＝1L3dL

答え　1L3dL

② つぎの　計算(けいさん)を　しましょう。

①
```
  4L6dL
＋2L2dL
  6L8dL
```

②
```
  5L7dL
－3L4dL
  2L3dL
```

③ 3L＋1L5dL＝4L5dL

④ 4L2dL＋3dL＝4L5dL

⑤ 8L8dL－7L＝1L8dL

⑥ 3L4dL－2L2dL＝1L2dL

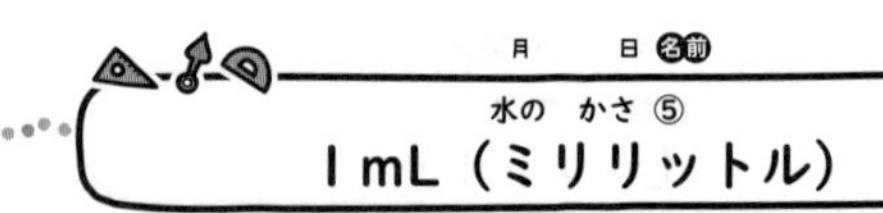

月　日 名前

水の　かさ ⑤

1 mL（ミリリットル）

かんジュースの　かさを　はかったら、つぎのように　なりました。3dLと　半分(はんぶん)です。

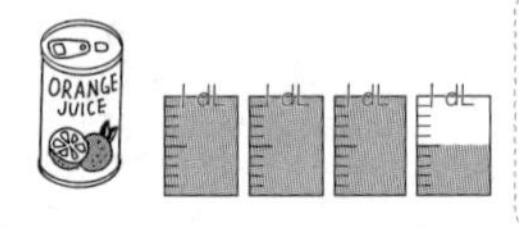

かんに350mLと　かいてありました。350ミリリットルと　読みます。

ミリリットル（mL）は、かさの　たんいです。

① mLの　かき方(かた)を　れんしゅうしましょう。

mL mL mL mL mL mL

② パックの　牛(ぎゅう)にゅう(1000mL)を、1Lますに　入れると、ちょうど　1ぱいに　なりました。1Lは　何(なん)mLですか。

1L＝(1000mL)

③ びん入りの　牛にゅうを、1dLますに　入れました。何mLですか。

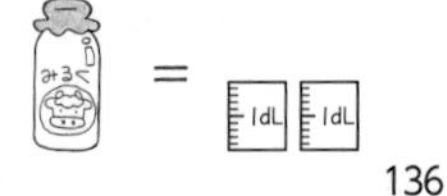

（ 200mL ）

月　日 名前

水の　かさ ⑥

L・dL・mL

① つぎの　かさは　どれだけですか。

① 2つを　合(あ)わせると、何mLですか。

しき
500＋200＝700　　（ 700 mL）

② 2つの　かさの　ちがいは、何mLですか。

しき
500－200＝300　　（ 300 mL）

② かさを　くらべて、多(おお)い　方(ほう)に　○を　つけましょう。

① （　）㋐ 6000mL　（○）㋑ 7L

② （○）㋐ 1L　（　）㋑ 90mL

③ （　）㋐ 10dL　（○）㋑ 2L

④ （○）㋐ 600mL　（　）㋑ 5dL

③ かさの　たんい（L、dL、mL）を　□に　かきましょう。

① きゅう食(しょく)の　牛にゅうは、200 mL です。

② そうじ用(よう)の　バケツ　いっぱいに、水が　4 L 入って　います。

③ 1L＝10 dL です。

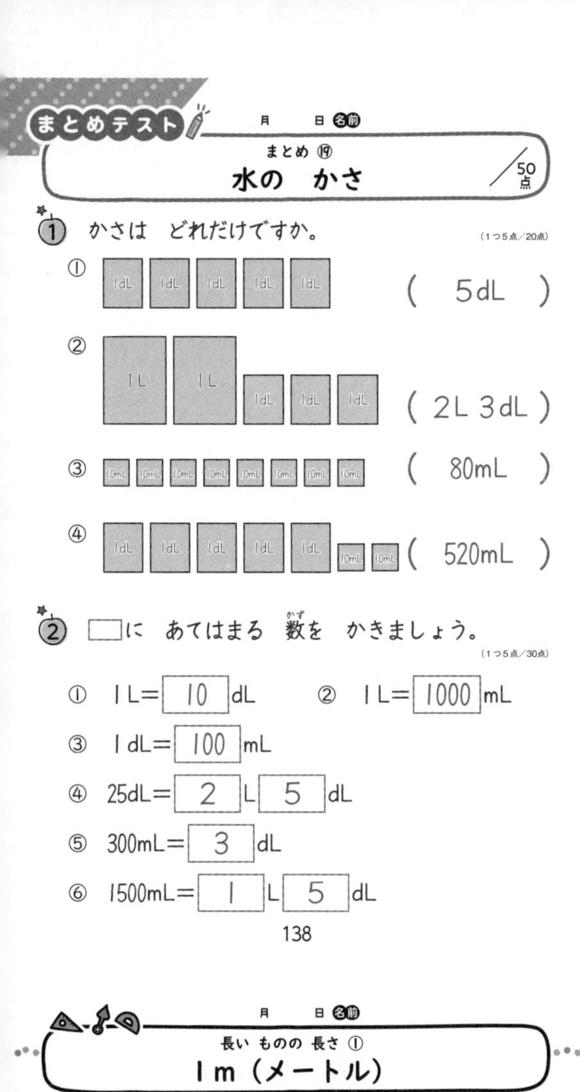

まとめテスト　月　日 名前

まとめ ⑲

水の　かさ

/50点

① かさは　どれだけですか。（1つ5点/20点）

① 1dL 1dL 1dL 1dL 1dL　（　5dL　）

② 1L 1L 1dL 1dL 1dL　（ 2L 3dL ）

③ 10mL 10mL 10mL 10mL 10mL 10mL 10mL 10mL　（　80mL　）

④ 1dL 1dL 1dL 1dL 1dL 10mL 10mL　（　520mL　）

② □に　あてはまる　数を　かきましょう。（1つ5点/30点）

① 1L＝[10]dL　② 1L＝[1000]mL

③ 1dL＝[100]mL

④ 25dL＝[2]L[5]dL

⑤ 300mL＝[3]dL

⑥ 1500mL＝[1]L[5]dL

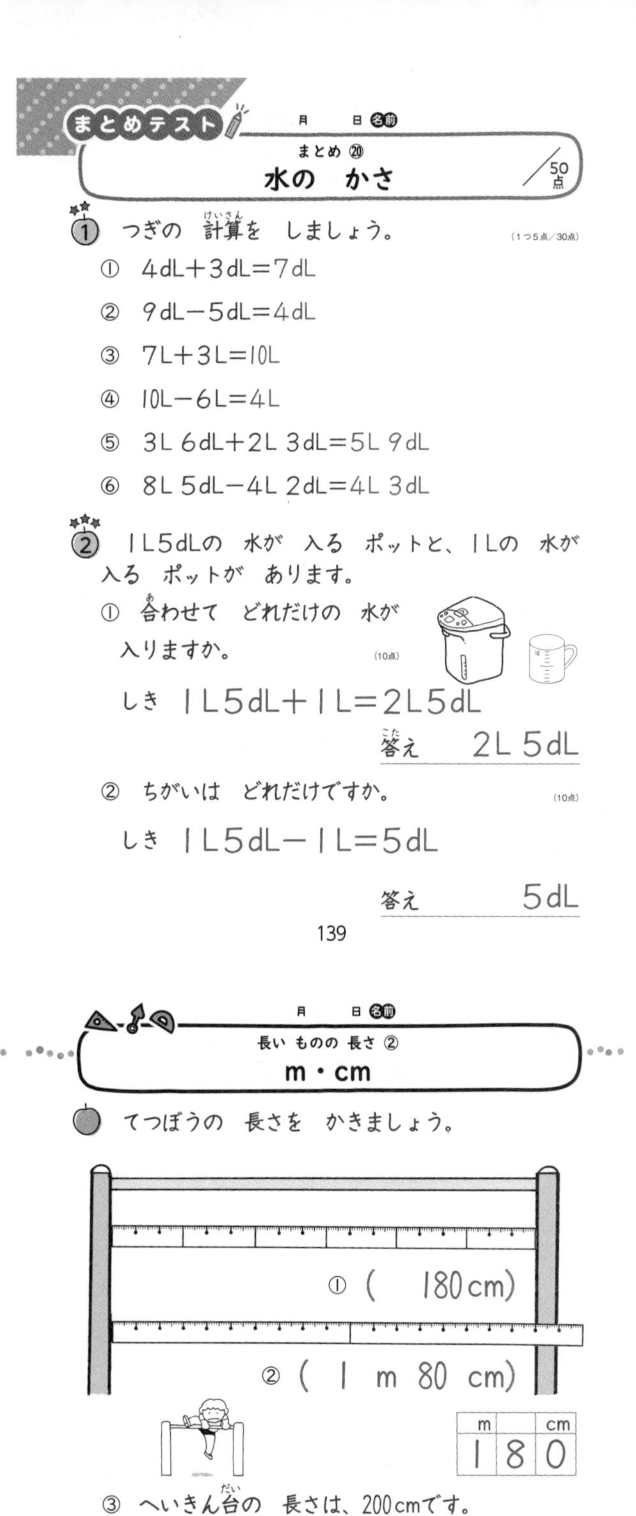

まとめテスト　月　日 名前

まとめ ⑳

水の　かさ

/50点

① つぎの　計算を　しましょう。（1つ5点/30点）

① 4dL＋3dL＝7dL

② 9dL－5dL＝4dL

③ 7L＋3L＝10L

④ 10L－6L＝4L

⑤ 3L 6dL＋2L 3dL＝5L 9dL

⑥ 8L 5dL－4L 2dL＝4L 3dL

② 1L5dLの　水が　入る　ポットと、1Lの　水が　入る　ポットが　あります。

① 合わせて　どれだけの　水が　入りますか。（10点）

しき　1L5dL＋1L＝2L5dL

答え　2L 5dL

② ちがいは　どれだけですか。（10点）

しき　1L5dL－1L＝5dL

答え　5dL

月　日 名前

長い　ものの　長さ ①

1m（メートル）

① てつぼうの　長さを　はかりました。

⬆30cmの　ものさし　6本分です。

⬆1mの　ものさし　2本分より　少し　みじかいです。

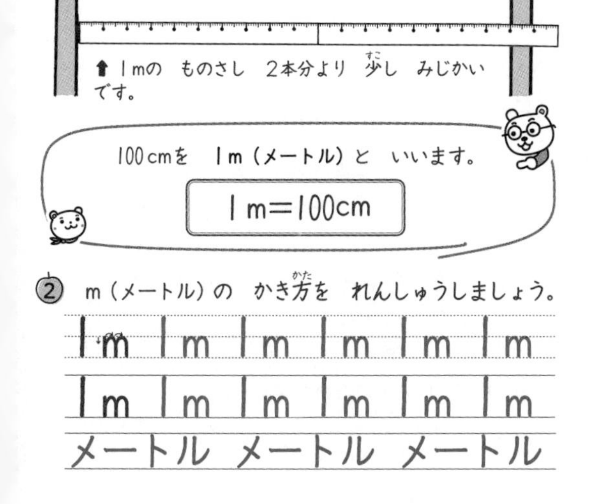

100cmを　1m（メートル）と　いいます。

1m＝100cm

② m（メートル）の　かき方を　れんしゅうしましょう。

1m 1m 1m 1m 1m 1m

1m 1m 1m 1m 1m 1m

メートル　メートル　メートル

月　日 名前

長い　ものの　長さ ②

m・cm

● てつぼうの　長さを　かきましょう。

①（　180cm）

②（ 1 m 80 cm）

m		cm
1	8	0

③ へいきん台の　長さは、200cmです。

m		cm
2	0	0

（　2　m）

④ うんていの　高さは、150cmです。

m		cm
1	5	0

（ 1 m 50 cm）

⑤ ジャングルジムの　高さは、225cmです。

m		cm
2	2	5

（ 2 m 25 cm）

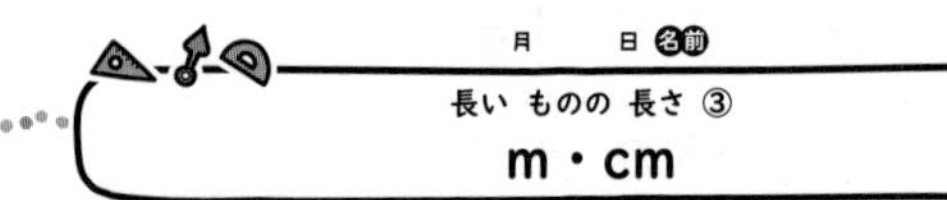

月　日 名前

長い ものの 長さ ③

m・cm

1 つぎの 長さは、何m何cmですか。

① 1mの ものさし 1つ分と、63cmの 長さ
（ 1m63cm ）

② 1mの ものさし 3つ分と、6cmの 長さ
（ 3m 6cm ）

2 □に 数を かきましょう。

① 1m＝[100]cm　② 4m＝[400]cm

③ 5m40cm＝[540]cm ➡ ヒント

	m		cm	
		5	4	0

④ 3m 9cm＝[309]cm

3mは 300cm だから、それに 9cm たして…

⑤ 100cm＝[1]m　⑥ 500cm＝[5]m

⑦ 175cm＝[1]m[75]cm

100cmで 1mだよ。

月　日 名前

長い ものの 長さ ④

長さの 計算

1 長さの 計算を しましょう。

① 4m＋3m＝7m

② 18m＋6m＝24m

③ 1m＋50cm＝1m50cm

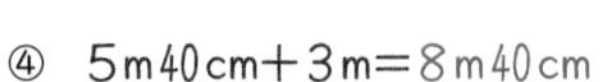

④ 5m40cm＋3m＝8m40cm

⑤ 7m10cm＋3m50cm＝10m60cm

2 長さの 計算を しましょう。

① 70cm＋50cm＝ 1m20cm

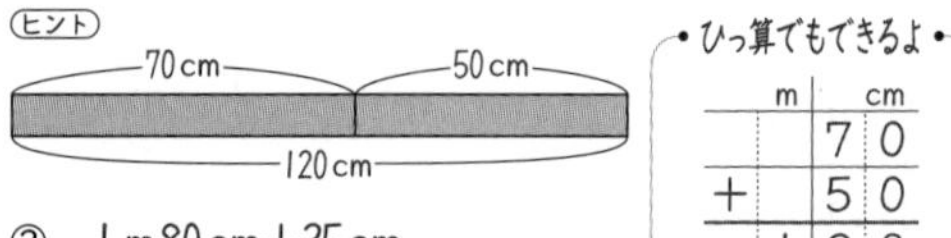

・ひっ算でもできるよ・

	m	cm	
		7	0
＋		5	0
	1	2	0

② 1m80cm＋35cm
＝2m15cm

③ 3m70cm＋1m50cm
＝5m20cm

月　日 名前

長い ものの 長さ ⑤

長さの 計算

● 長さの 計算を しましょう。

① 8m－5m＝3m

② 12m－7m＝5m

③ 1m－20cm＝80cm

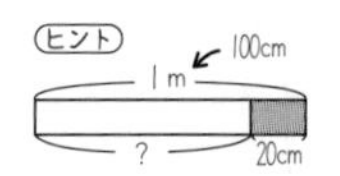

④ 5m30cm－4m＝1m30cm

⑤ 7m90cm－2m40cm＝5m50cm

⑥ 3m50cm－40cm＝3m10cm

⑦ 1m60cm－30cm＝1m30cm

⑧ 5m90cm－2m20cm＝3m70cm

⑨ 2m50cm－50cm＝2m

月　日 名前

長い ものの 長さ ⑥

いろいろな もんだい

1 □に 長さの たんいを かきましょう。

① 校しゃの 高さ　8[m]

② 電池の 長さ　5[cm]

③ ノートの あつさ　4[mm]

④ 黒ばんの よこの 長さ　5[m]

2 4m50cmの ロープと 3m20cmの ロープが あります。

4m50cm
3m20cm

① 合わせると、ロープの 長さは どれだけですか。

しき 4m50cm＋3m20cm
＝7m70cm
答え 7m70cm

	m	cm	
	4	5	0
＋	3	2	0
	7	7	0

② ちがいは どれだけですか。

しき 4m50cm－3m20cm
＝1m30cm
答え 1m30cm

	m	cm	
	4	5	0
－	3	2	0
	1	3	0

月　日 名前

まとめ ㉑

長い　ものの　長さ

50点

① □に 長さの たんいを かきましょう。(1つ5点／20点)

① えんぴつの 長さ　17 cm

② プールの たての 長さ　25 m

③ ピザの あつさ　4 mm

④ 東京スカイツリーの 高さ　634 m

② □に あてはまる 数を かきましょう。(1つ5点／30点)

① 1m＝100 cm

② 5m＝500 cm

③ 3m40cm＝340 cm

④ 2m7cm＝207 cm

⑤ 400cm＝4 m

⑥ 1m65cm＝165 cm

まとめテスト　月　日 名前

まとめ ㉒

長い　ものの　長さ

50点

① つぎの 計算を しましょう。(1つ5点／30点)

① 5m＋3m＝8m

② 8m＋6m＝14m

③ 2m40cm＋1m50cm＝3m90cm

④ 9m−6m＝3m

⑤ 15m−8m＝7m

⑥ 4m60cm−1m20cm＝3m40cm

② 2m50cmの 青い テープと、1m20cmの 赤い テープが あります。

① 2つの テープを 合わせると 何m何cmですか。(10点)

しき 2m50cm＋1m20cm＝3m70cm

答え 3m70cm

② ちがいは 何m何cmですか。(10点)

しき 2m50cm−1m20cm＝1m30cm

答え 1m30cm

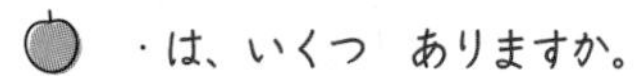

月　日 名前

10000までの 数 ①

数の　せいしつ

・は、いくつ ありますか。

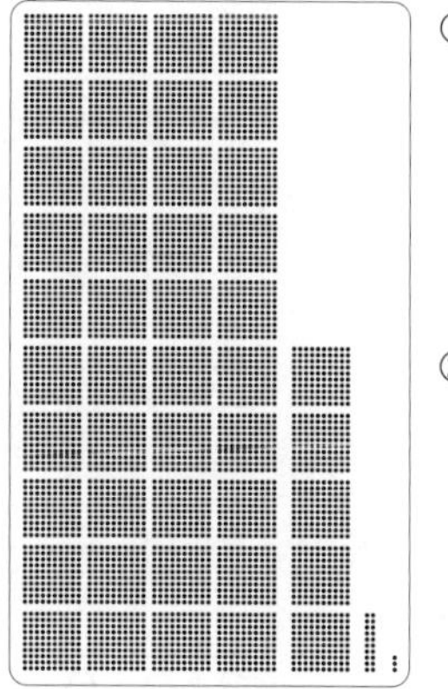

① ▦は、・が 100こ です。
100の まとまりは、何こ ありますか。
(45こ)

② ▦が 10こ あつまると、1000（千）です。
1000の まとまりは、何こ ありますか。
(4こ)

③ つぎの ひょうに 数を かきましょう。

千の くらい	百の くらい	十の くらい	一の くらい
4	5	2	3

上の 図を よく 見てね。

4523を 四千五百二十三と 読みます。

月　日 名前

10000までの 数 ②

数の　せいしつ

・は、いくつ ありますか。

①　②

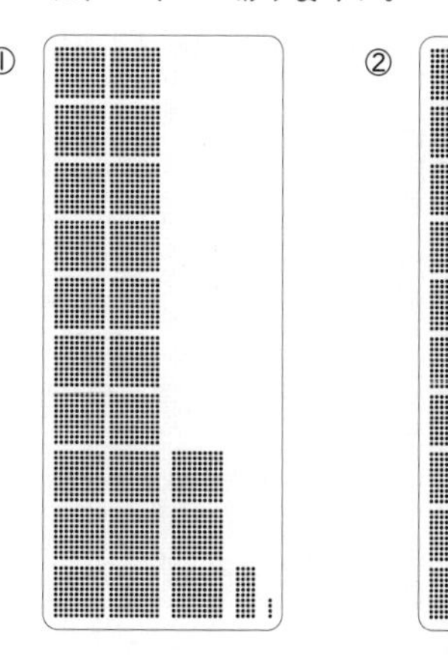

千の くらい	百の くらい	十の くらい	一の くらい
2	3	4	4

読み方
(二千三百四十四)

千の くらい	百の くらい	十の くらい	一の くらい
1	6	2	2

読み方
(千六百二十二)

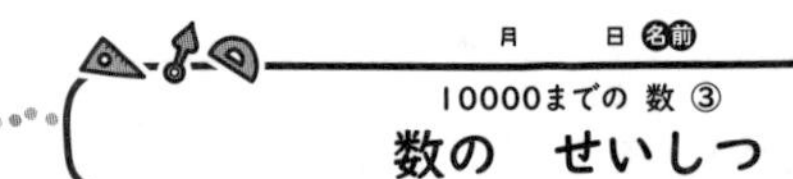

月　日 名前

10000までの 数 ③

数の　せいしつ

つぎの 数(かず)を、(　)に 数字(すうじ)で かきましょう。

①

千のくらい	百のくらい	十のくらい	一のくらい
1000	100 100	10 10 10	1
1	2	3	1

（　1231　）

②

千のくらい	百のくらい	十のくらい	一のくらい
1000 1000	100 100 100	10 10 10 10	
2	3	4	0

（　2340　）

③

千のくらい	百のくらい	十のくらい	一のくらい
1000 1000 1000	100 100 100 100 100 100		1 1
3	6	0	2

（　3602　）

月　日 名前

10000までの 数 ④

数の　せいしつ

1 数の 読(よ)み方(かた)を、かん字で かきましょう。

① 1357（　千三百五十七　）

② 4000（　四千　）

③ 5320（　五千三百二十　）

④ 3903（　三千九百三　）

⑤ 6006（　六千六　）

2 数字で かきましょう。

① 千八百七十一

② 三千二百六十八

③ 六千百二十

④ 七千六百五

⑤ 四千九

	千のくらい	百のくらい	十のくらい	一のくらい
①	1	8	7	1
②	3	2	6	8
③	6	1	2	0
④	7	6	0	5
⑤	4	0	0	9

月　日 名前

10000までの 数 ⑤

数の　せいしつ

図(ず)を 見て 答(こた)えましょう。

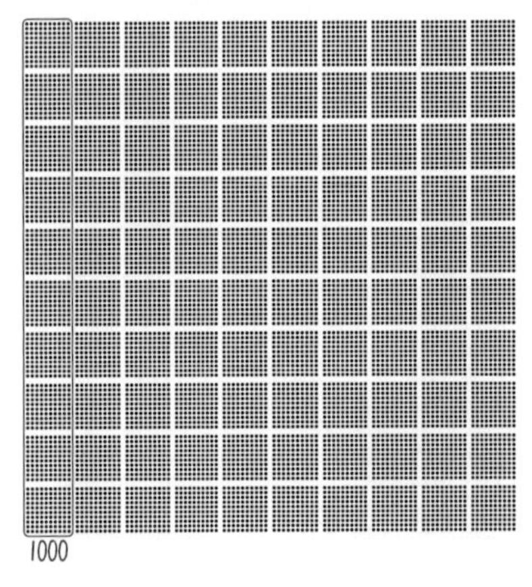

① 1000の あつまりは、何(なん)こ ありますか。

（　10　）こ

千を 10こ あつめた 数(かず)を、一万(いちまん)（10000）と いいます。

② ・は、何こ ありますか。（　一万こ　）

③ 9999より 1 大きい 数。（　一万　）

月　日 名前

10000までの 数 ⑥

数の　せいしつ

つぎの 数を、数字(すうじ)で かきましょう。

① 1000を 5こ、100を 3こと、10を 9こと、1を 6こ 合(あ)わせた 数。　5396

② 1000を 7こ、100を 8こと、10を 3こ 合わせた 数。　7830

③ 1000を 6こ、100を 7こ 合わせた 数。　6700

④ 1000を 4こ、10を 5こと、1を 3こ 合わせた 数。　4053

⑤ 1000を 2こ、1を 5こ 合わせた 数。　2005

⑥ 1000を 3こ、10を 1こ 合わせた 数。　3010

⑦ 1000を 10こ あつめた 数。　10000

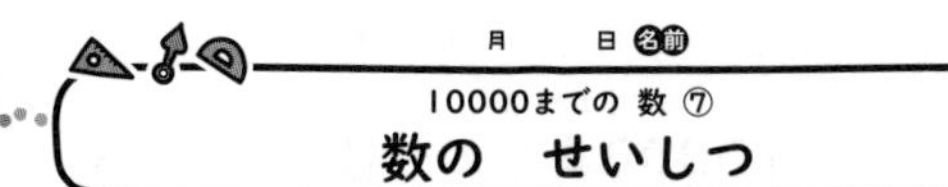

月　日 名前

10000までの 数 ⑦
数の　せいしつ

① つぎの 数は、100を 何こ あつめた 数ですか。

① 400（ 4 ）こ　② 700（ 7 ）こ
③ 1000（ 10 ）こ　④ 2000（ 20 ）こ
⑤ 3500（ 35 ）こ　⑥ 5200（ 52 ）こ

② （　）に 数を かきましょう。

① 7832は、1000を（ 7 ）こ、100を（ 8 ）こ、10を（ 3 ）こ、1を（ 2 ）こ 合わせた 数。
② 3051は、1000を（ 3 ）こ、10を（ 5 ）こ、1を（ 1 ）こ 合わせた 数。
③ 2004は、1000を（ 2 ）こ、1を（ 4 ）こ 合わせた 数。
④ 2900は、1000を（ 2 ）こ、100を（ 9 ）こ 合わせた 数。
⑤ 8060は、1000を（ 8 ）こ、10を（ 6 ）こ 合わせた 数。

月　日 名前

10000までの 数 ⑧
数の　せいしつ

① □に 数を かきましょう。

① 3000　㋐ 4000　5000　㋑ 6000　7000　㋒ 8000　9000　㋓ 10000
② 9300　9400　9500　㋐ 9600　9700　㋑ 9800　㋒ 9900　㋓ 10000
③ 9930　9940　㋐ 9950　9960　9970　㋑ 9980　9990　㋒ 10000
④ 9993　9994　㋐ 9995　㋑ 9996　9997　9998　㋒ 9999　㋓ 10000

② つぎの 数を かきましょう。

① 8990より 10 大きい 数。（ 9000 ）
② 9999より 1 大きい 数。（ 10000 ）
③ 10000より 1 小さい 数。（ 9999 ）

月　日 名前

10000までの 数 ⑨
数の　せいしつ

① つぎの 数は いくつですか。

① 10を 15こ あつめた 数。（ 150 ）
② 100を 23こ あつめた 数。（ 2300 ）
③ 100を 54こ あつめた 数。（ 5400 ）
④ 1000を 7こ あつめた 数。（ 7000 ）
⑤ 1000を 10こ あつめた 数。（ 10000 ）

② いちばん 大きな 数に、○を つけましょう。

① (1235)　1205　1230
② 6007　(7600)　7006
③ (5100)　5010　5001
④ 999　1001　(1010)
⑤ 9090　(10000)　9900

月　日 名前

10000までの 数 ⑩
大きな　数の　計算

● つぎの 計算を しましょう。

・お金で 考えると・

① 600+700=1300

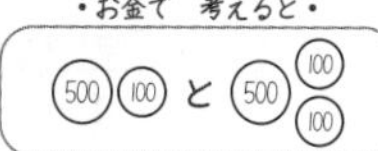

② 1300−800=500

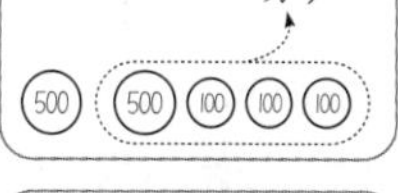

③ 5000+4000=9000

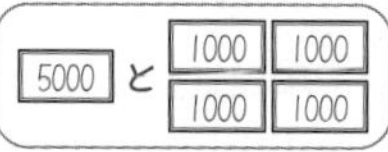

④ 9000−2000=7000

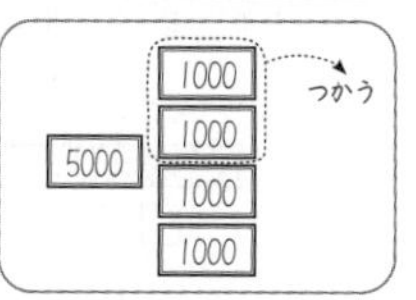

⑤ 10000−3000=7000

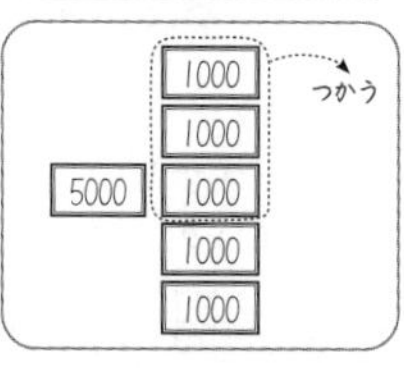

⑥ 5000+5000=10000

5000 と 5000

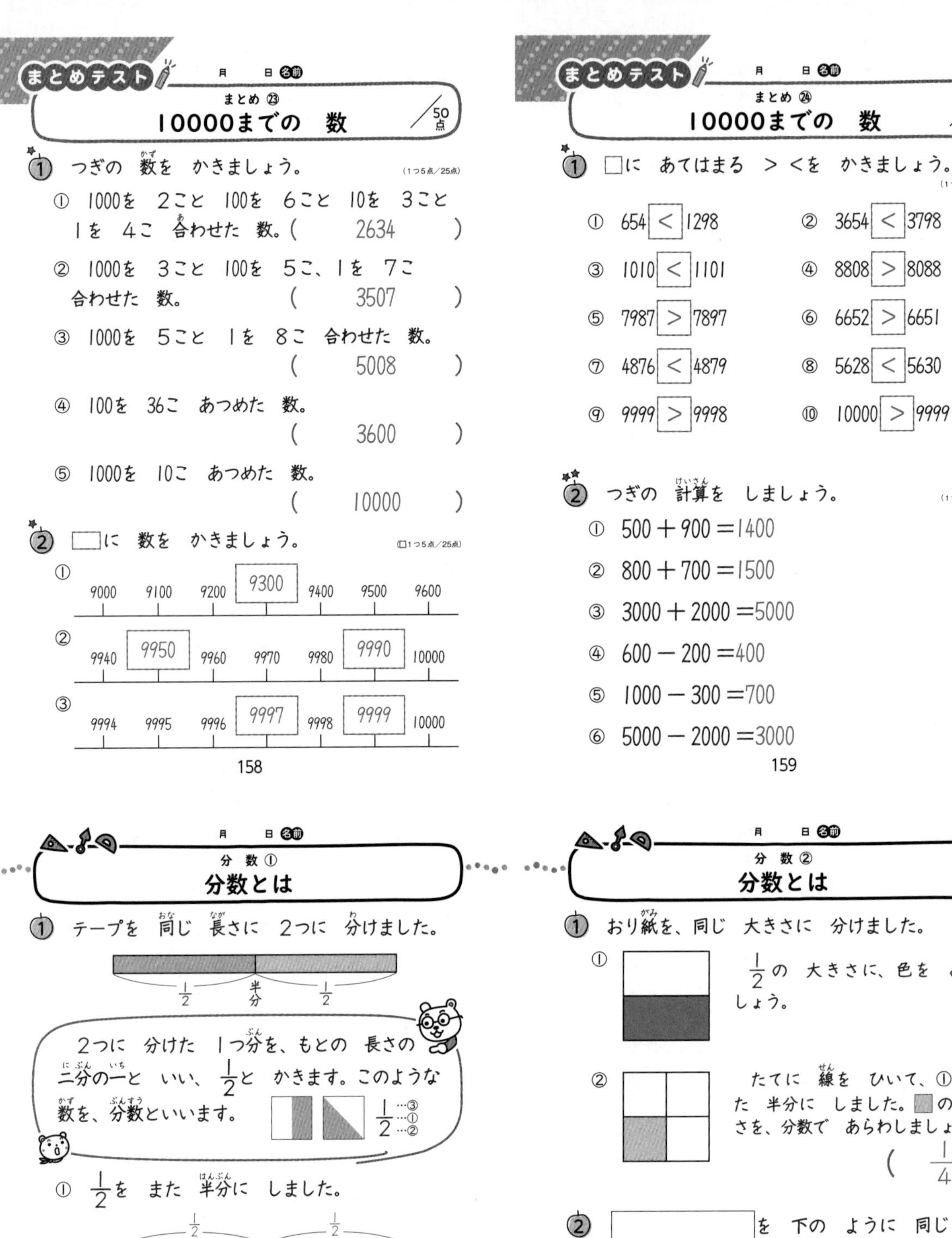

まとめテスト　月　日 名前

まとめ㉓

10000までの　数

/50点

1 つぎの　数を　かきましょう。（1つ5点／25点）

① 1000を　2こと　100を　6こと　10を　3こと　1を　4こ　合わせた　数。（ 2634 ）

② 1000を　3こと　100を　5こ、1を　7こ　合わせた　数。（ 3507 ）

③ 1000を　5こと　1を　8こ　合わせた　数。（ 5008 ）

④ 100を　36こ　あつめた　数。（ 3600 ）

⑤ 1000を　10こ　あつめた　数。（ 10000 ）

2 □に　数を　かきましょう。（□1つ5点／25点）

① 9000　9100　9200　[9300]　9400　9500　9600

② 9940　[9950]　9960　9970　9980　[9990]　10000

③ 9994　9995　9996　[9997]　9998　[9999]　10000

まとめテスト　月　日 名前

まとめ㉔

10000までの　数

/50点

1 □に　あてはまる　＞＜を　かきましょう。（1つ2点／20点）

① 654 [＜] 1298　② 3654 [＜] 3798

③ 1010 [＜] 1101　④ 8808 [＞] 8088

⑤ 7987 [＞] 7897　⑥ 6652 [＞] 6651

⑦ 4876 [＜] 4879　⑧ 5628 [＜] 5630

⑨ 9999 [＞] 9998　⑩ 10000 [＞] 9999

2 つぎの　計算を　しましょう。（1つ5点／30点）

① 500＋900＝1400

② 800＋700＝1500

③ 3000＋2000＝5000

④ 600－200＝400

⑤ 1000－300＝700

⑥ 5000－2000＝3000

月　日 名前

分　数①

分数とは

1 テープを　同じ　長さに　2つに　分けました。

2つに　分けた　1つ分を、もとの　長さの　二分の一と　いい、$\frac{1}{2}$と　かきます。このような　数を、分数といいます。

① $\frac{1}{2}$を　また　半分に　しました。

□の　大きさを　分数で　かきましょう。 $\frac{1}{4}$

2 ④の　テープの　長さは、㋐の　テープの　長さの　何ばいですか。

㋐
④

（ 3　ばい）

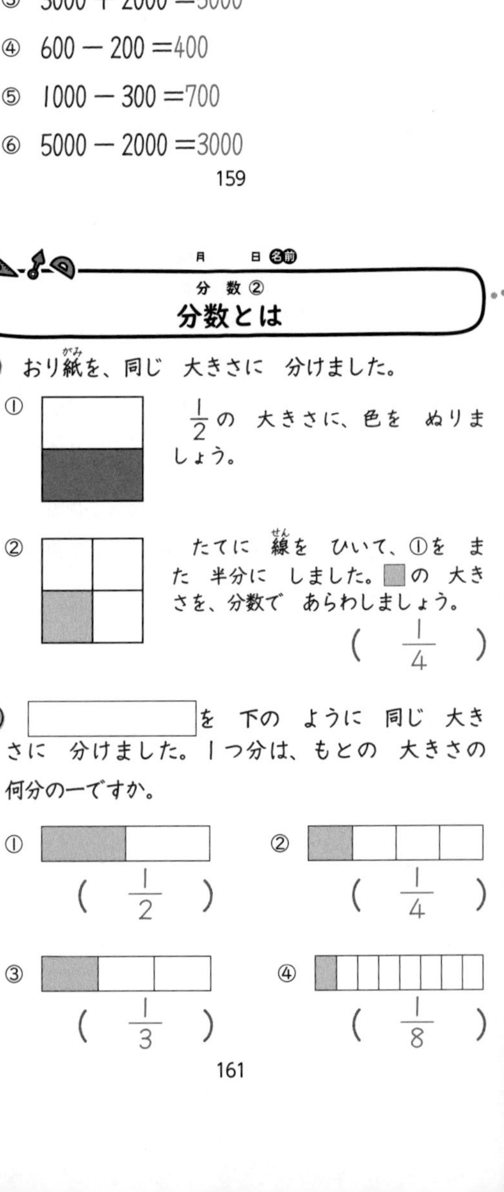

月　日 名前

分　数②

分数とは

1 おり紙を、同じ　大きさに　分けました。

① $\frac{1}{2}$の　大きさに、色を　ぬりましょう。

② たてに　線を　ひいて、①を　また　半分に　しました。■の　大きさを、分数で　あらわしましょう。（ $\frac{1}{4}$ ）

2 [　　　　] を　下の　ように　同じ　大きさに　分けました。1つ分は、もとの　大きさの　何分の一ですか。

① （ $\frac{1}{2}$ ）　② （ $\frac{1}{4}$ ）

③ （ $\frac{1}{3}$ ）　④ （ $\frac{1}{8}$ ）

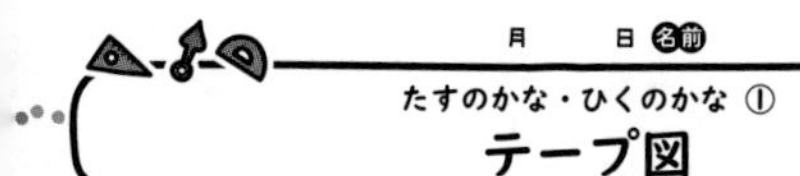

月　日 名前

たすのかな・ひくのかな ①

テープ図

① 子どもが　あそんでいます。はじめに　あそんでいた　子どものうち　10人が　帰って　しまったので　15人に　なりました。はじめ、子どもは　何人あそんで　いましたか。

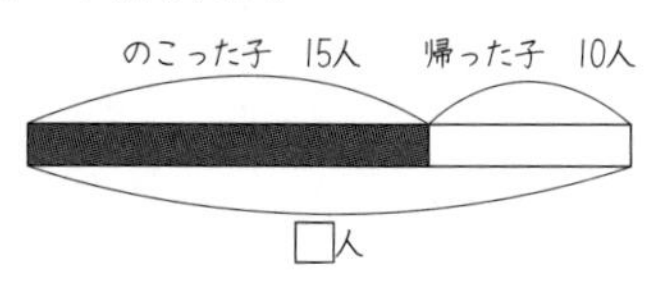

しき　10＋15＝25

答え　25人

② 公園で　36わの　ハトが　えさを　食べていました。人が　よこを　通ったので　14わが　のこりました。にげた　ハトは　何わですか。

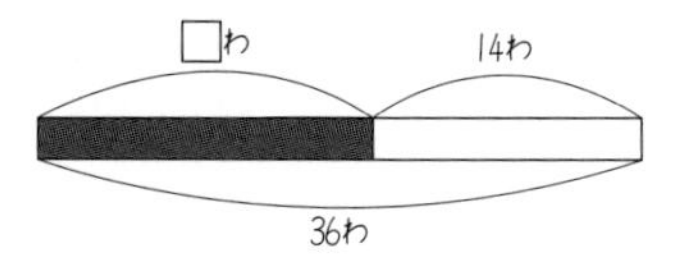

しき　36－14＝22

答え　22わ

月　日 名前

たすのかな・ひくのかな ②

テープ図

① としおさんは　えんぴつを　8本　もって　いました。ともだちから　何本か　もらったので　14本に　なりました。何本　もらいましたか。

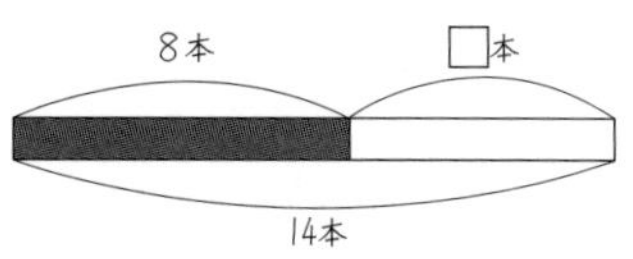

しき　14－8＝6

答え　6本

② 赤い　チューリップの　花が　18本　さきました。白い　チューリップの　花は、赤い　花より　7本多く　さきました。白い　チューリップの　花は何本　さきましたか。

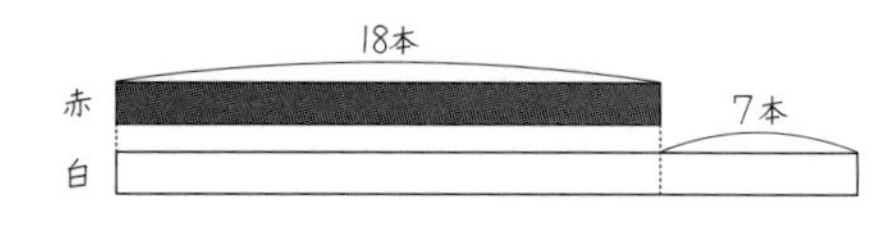

しき　18＋7＝25

答え　25本

月　日 名前

たすのかな・ひくのかな ③

テープ図

① きのう、チューリップの　花が　12本　さきました。きょうは、22本　さきました。チューリップの花は　何本　ふえましたか。

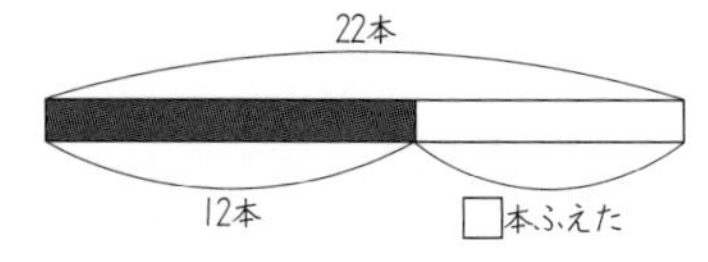

しき　22－12＝10

答え　10本

② 子どもに　えんぴつを　20本　くばりました。のこりの　えんぴつは　16本です。えんぴつははじめ　何本　ありましたか。

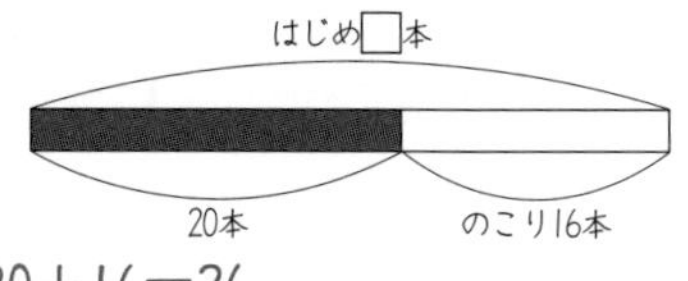

しき　20＋16＝36

答え　36本

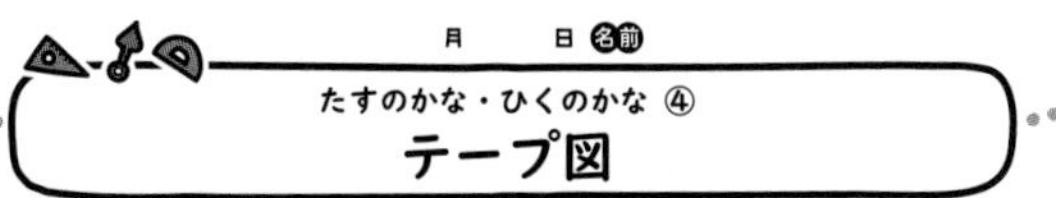

月　日 名前

たすのかな・ひくのかな ④

テープ図

① どんぐりを　ぼくは　20こ　ひろいました。姉はぼくより　7こ　多く　ひろいました。姉は　どんぐりを　何こ　ひろいましたか。

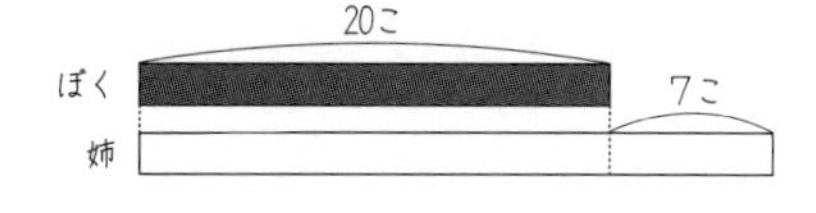

しき　20＋7＝27

答え　27こ

② 1組は、28人　います。1組は、2組より　2人少ないそうです。2組は　何人ですか。

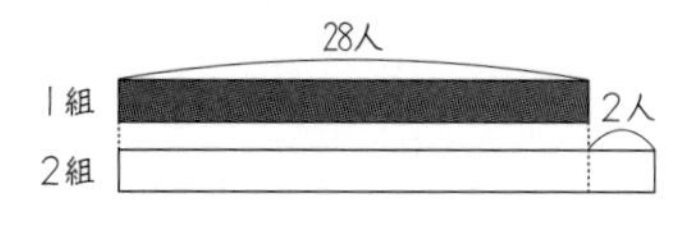

しき　28＋2＝30

答え　30人

達成表

勉強が終わったらチェックする。問題が全部できて字もていねいに書けたら「よくできた」だよ。「よくできた」になるようにがんばろう!

学習内容	学習日	がんばろう	できた	よくできた
ひょうとグラフ①		☆	☆☆	☆☆☆
ひょうとグラフ②		☆	☆☆	☆☆☆
ひょうとグラフ③		☆	☆☆	☆☆☆
ひょうとグラフ④		☆	☆☆	☆☆☆
まとめ①			得点	
まとめ②			得点	
時こくと時間①		☆	☆☆	☆☆☆
時こくと時間②		☆	☆☆	☆☆☆
時こくと時間③		☆	☆☆	☆☆☆
時こくと時間④		☆	☆☆	☆☆☆
時こくと時間⑤		☆	☆☆	☆☆☆
時こくと時間⑥		☆	☆☆	☆☆☆
時こくと時間⑦		☆	☆☆	☆☆☆
時こくと時間⑧		☆	☆☆	☆☆☆
時こくと時間⑨		☆	☆☆	☆☆☆
時こくと時間⑩		☆	☆☆	☆☆☆
まとめ③			得点	
まとめ④			得点	
たし算のひっ算①		☆	☆☆	☆☆☆
たし算のひっ算②		☆	☆☆	☆☆☆
たし算のひっ算③		☆	☆☆	☆☆☆
たし算のひっ算④		☆	☆☆	☆☆☆
たし算のひっ算⑤		☆	☆☆	☆☆☆
たし算のひっ算⑥		☆	☆☆	☆☆☆
たし算のひっ算⑦		☆	☆☆	☆☆☆
たし算のひっ算⑧		☆	☆☆	☆☆☆
たし算のひっ算⑨		☆	☆☆	☆☆☆
たし算のひっ算⑩		☆	☆☆	☆☆☆
まとめ⑤			得点	
まとめ⑥			得点	

学習内容	学習日	がんばろう	できた	よくできた
ひき算のひっ算①		☆	☆☆	☆☆☆
ひき算のひっ算②		☆	☆☆	☆☆☆
ひき算のひっ算③		☆	☆☆	☆☆☆
ひき算のひっ算④		☆	☆☆	☆☆☆
ひき算のひっ算⑤		☆	☆☆	☆☆☆
ひき算のひっ算⑥		☆	☆☆	☆☆☆
ひき算のひっ算⑦		☆	☆☆	☆☆☆
ひき算のひっ算⑧		☆	☆☆	☆☆☆
ひき算のひっ算⑨		☆	☆☆	☆☆☆
ひき算のひっ算⑩		☆	☆☆	☆☆☆
まとめ⑦			得点	
まとめ⑧			得点	
長　さ①		☆	☆☆	☆☆☆
長　さ②		☆	☆☆	☆☆☆
長　さ③		☆	☆☆	☆☆☆
長　さ④		☆	☆☆	☆☆☆
長　さ⑤		☆	☆☆	☆☆☆
長　さ⑥		☆	☆☆	☆☆☆
長　さ⑦		☆	☆☆	☆☆☆
長　さ⑧		☆	☆☆	☆☆☆
まとめ⑨			得点	
まとめ⑩			得点	
1000までの数①		☆	☆☆	☆☆☆
1001までの数②		☆	☆☆	☆☆☆
1002までの数③		☆	☆☆	☆☆☆
1003までの数④		☆	☆☆	☆☆☆
たし算のひっ算⑪		☆	☆☆	☆☆☆
たし算のひっ算⑫		☆	☆☆	☆☆☆
たし算のひっ算⑬		☆	☆☆	☆☆☆
たし算のひっ算⑭		☆	☆☆	☆☆☆
たし算のひっ算⑮		☆	☆☆	☆☆☆
たし算のひっ算⑯		☆	☆☆	☆☆☆
たし算のひっ算⑰		☆	☆☆	☆☆☆

学習内容	学習日	がんばろう	できた	よくできた
たし算のひっ算⑱		☆	☆☆	☆☆☆
まとめ⑪			得点	
まとめ⑫			得点	
ひき算のひっ算⑪		☆	☆☆	☆☆☆
ひき算のひっ算⑫		☆	☆☆	☆☆☆
ひき算のひっ算⑬		☆	☆☆	☆☆☆
ひき算のひっ算⑭		☆	☆☆	☆☆☆
ひき算のひっ算⑮		☆	☆☆	☆☆☆
ひき算のひっ算⑯		☆	☆☆	☆☆☆
ひき算のひっ算⑰		☆	☆☆	☆☆☆
ひき算のひっ算⑱		☆	☆☆	☆☆☆
まとめ⑬			得点	
まとめ⑭			得点	
かけ算九九①		☆	☆☆	☆☆☆
かけ算九九②		☆	☆☆	☆☆☆
かけ算九九③		☆	☆☆	☆☆☆
かけ算九九④		☆	☆☆	☆☆☆
かけ算九九⑤		☆	☆☆	☆☆☆
かけ算九九⑥		☆	☆☆	☆☆☆
かけ算九九⑦		☆	☆☆	☆☆☆
かけ算九九⑧		☆	☆☆	☆☆☆
かけ算九九⑨		☆	☆☆	☆☆☆
かけ算九九⑩		☆	☆☆	☆☆☆
かけ算九九⑪		☆	☆☆	☆☆☆
かけ算九九⑫		☆	☆☆	☆☆☆
かけ算九九⑬		☆	☆☆	☆☆☆
かけ算九九⑭		☆	☆☆	☆☆☆
かけ算九九⑮		☆	☆☆	☆☆☆
かけ算九九⑯		☆	☆☆	☆☆☆
かけ算九九⑰		☆	☆☆	☆☆☆
かけ算九九⑱		☆	☆☆	☆☆☆
かけ算九九⑲		☆	☆☆	☆☆☆
かけ算九九⑳		☆	☆☆	☆☆☆

学習内容	学習日	がんばろう	できた	よくできた
かけ算九九㉑		☆	☆☆	☆☆☆
かけ算九九㉒		☆	☆☆	☆☆☆
かけ算九九㉓		☆	☆☆	☆☆☆
かけ算九九㉔		☆	☆☆	☆☆☆
かけ算九九㉕		☆	☆☆	☆☆☆
かけ算九九㉖		☆	☆☆	☆☆☆
かけ算九九㉗		☆	☆☆	☆☆☆
かけ算九九㉘		☆	☆☆	☆☆☆
かけ算九九㉙		☆	☆☆	☆☆☆
かけ算九九㉚		☆	☆☆	☆☆☆
まとめ⑮			得点	
まとめ⑯			得点	
かけ算のせいしつ①		☆	☆☆	☆☆☆
かけ算のせいしつ②		☆	☆☆	☆☆☆
三角形と四角形①		☆	☆☆	☆☆☆
三角形と四角形②		☆	☆☆	☆☆☆
三角形と四角形③		☆	☆☆	☆☆☆
三角形と四角形④		☆	☆☆	☆☆☆
三角形と四角形⑤		☆	☆☆	☆☆☆
三角形と四角形⑥		☆	☆☆	☆☆☆
三角形と四角形⑦		☆	☆☆	☆☆☆
三角形と四角形⑧		☆	☆☆	☆☆☆
三角形と四角形⑨		☆	☆☆	☆☆☆
三角形と四角形⑩		☆	☆☆	☆☆☆
まとめ⑰			得点	
まとめ⑱			得点	
はこの形①		☆	☆☆	☆☆☆
はこの形②		☆	☆☆	☆☆☆
はこの形③		☆	☆☆	☆☆☆
はこの形④		☆	☆☆	☆☆☆
水のかさ①		☆	☆☆	☆☆☆
水のかさ②		☆	☆☆	☆☆☆
水のかさ③		☆	☆☆	☆☆☆

学習内容	学習日（がくしゅうび）	がんばろう	できた	よくできた
水のかさ④		☆	☆☆	☆☆☆
水のかさ⑤		☆	☆☆	☆☆☆
水のかさ⑥		☆	☆☆	☆☆☆
まとめ⑲			得点	
まとめ⑳			得点	
長いものの長さ①		☆	☆☆	☆☆☆
長いものの長さ②		☆	☆☆	☆☆☆
長いものの長さ③		☆	☆☆	☆☆☆
長いものの長さ④		☆	☆☆	☆☆☆
長いものの長さ⑤		☆	☆☆	☆☆☆
長いものの長さ⑥		☆	☆☆	☆☆☆
まとめ㉑			得点	
まとめ㉒			得点	
10000までの数①		☆	☆☆	☆☆☆
10000までの数②		☆	☆☆	☆☆☆
10000までの数③		☆	☆☆	☆☆☆
10000までの数④		☆	☆☆	☆☆☆
10000までの数⑤		☆	☆☆	☆☆☆
10000までの数⑥		☆	☆☆	☆☆☆
10000までの数⑦		☆	☆☆	☆☆☆
10000までの数⑧		☆	☆☆	☆☆☆
10000までの数⑨		☆	☆☆	☆☆☆
10000までの数⑩		☆	☆☆	☆☆☆
まとめ㉓			得点	
まとめ㉔			得点	
分　数①		☆	☆☆	☆☆☆
分　数②		☆	☆☆	☆☆☆
たすのかな・ひくのかな①		☆	☆☆	☆☆☆
たすのかな・ひくのかな②		☆	☆☆	☆☆☆
たすのかな・ひくのかな③		☆	☆☆	☆☆☆
たすのかな・ひくのかな④		☆	☆☆	☆☆☆